图说历史丰碑

农田水利

李默 / 主编

广东旅游出版社
GUANGDONG TRAVEL & TOURISM PRESS
悦读书·悦旅行·悦享人生

中国·广州

图书在版编目（CIP）数据

农田水利 / 李默主编 . — 广州 : 广东旅游出版社，
2013.10（2024.8 重印）
ISBN 978-7-80766-673-8

Ⅰ . ①农… Ⅱ . ①李… Ⅲ . ①农田水利—水利史—中
国—普及读物 Ⅳ . ① S279.2-092

中国版本图书馆 CIP 数据核字 (2013) 第 221370 号

出 版 人：刘志松
总 策 划：李 默
责任编辑：张晶晶 梁斯棋
装帧设计：盛世书香工作室 腾飞文化
责任校对：李瑞苑
责任技编：冼志良

农田水利
NONG TIAN SHUI LI

广东旅游出版社出版发行

（广东省广州市荔湾区沙面北街 71 号首、二层）
邮编：510130
电话：020-87347732（总编室） 020-87348887（销售热线）
投稿邮箱：2026542779@qq.com
印刷：三河市嵩川印刷有限公司
　　　（河北省廊坊市三河市杨庄镇肖庄子村）
开本：650×920mm 16 开
字数：105 千字
印张：10
版次：2013 年 10 月第 1 版
印次：2024 年 8 月第 3 次印刷
定价：45.80 元

出版者识

　　《图说历史丰碑》是一部全景式图文并茂记录中国文明历史的大书。出版者穷数年之力，会集各方力量——专家、学者、编辑、学术顾问们，在浩如烟海的历史档案、资料、著作中，探珍问宝，追寻中华文明在悠悠历史长河中的灿烂之光。此书的出版，凝聚了编撰者的心血，学术顾问们的智慧。尤其是李学勤先生，亲自动笔写下了序言，更增加了本书沉甸甸的分量。

　　中华文明的历史充满了辉煌与苦难，成就和挫折。它的历史无处不在，决定着我们中国人今天的思想和感情。当今的中国和中国人是中华文明的历史造就的，是中华文明的历史的延伸，也是它的一个组成部分，中华文明的历史之河奔流到现在。

　　中华文明是人类历史上最伟大的文明之一，是人类文明发展的主要构成。中华文明丰富、深刻、辉煌、博大，在人类文明中的骨干作用和领导作用人所共知。在人类文明的发源时期，中国就是四大古国之一，是地球上文化的策源地之一。在人类文明的早期，中华文明成为文明在东方的支柱，公元前后200年间，人类的汉帝国与罗马帝国这两只铁手攫住了地球。在欧洲进入中世纪的时候，中华文明更成为人类文明最主要的领导，它的文明统治东亚，传遍世界。进入近代，中华文明处于自身的重压和西方的欺凌下，但中国人民的斗争史和奋起精神是人类文明历史中不可缺少的一页。

　　五千年的中华文明为人类贡献出了从思想家孔子到科学技术的四大发明、从唐诗宋词到长城运河的伟大创造，贡献出了从诸子百家到宋明理学，从商周铜器到明清文学的深刻内涵，也贡献出了从五霸七强到三国纷争、从文景之治到十大武功的辉煌历史。中华文明的历史绚烂多彩，在人类文明的历史长河中永放光芒。

　　中华文明也是人类历史上最独特的文明，没有哪一个文明像中华文明这样持久，这样统一一致。世界上其他文明不但互相交错，其创造者也都与高加索体质的人种有关，它们是姐妹文明。在人类历史中，只有中华文明才是独特的，它的创造者是中国土地上的中国人民，与其他任何地方的人民都没有关系，它的文化是统一一致的文化，可以不依赖于其他任何文明而生存，但中华文明也绝不是封闭的，它接受他人的文化，也承担自己对于人类的责任。

　　人类进入新世纪，中国的社会经济发展令世人瞩目。人们对于世界未来的政治和经济结构的估计无不以东亚和太平洋为中心，而尤以中国为重点。

经济起飞只是当代中国的一个方面，中国的精神文明的建设尤为刻不容缓。如果中国要自觉地发展中华文明，要有意识地使中国的发展具有世界意义，就必须发展强有力的精神文化，这样才能使中华文明的发展进入一个新的阶段，才能形成中国和中华文明的全面现代化。

而中国的精神文化的发展植根于中华文明的伟大传统之中。进入近代之后，在西方文化的冲击下，对于中国文化的价值产生大量的情绪化和激烈冲突的论调。"五四"运动打倒孔家店的口号具有冲破封建束缚的时代意义，对中国文化的发展有不容否认的正面意义，与文化虚无主义是完全不同的。文化虚无主义者否定中国传统文化，在现代化的旗帜下主张全盘西化；而复古主义则沉迷于中国文化的古董，走进反进步、反科学的泥潭。

历史的发展则超越了所有这些论点，产生这些论调的一百多年来的中国近代史已经结束。历史要求中国发展，要求中国走在全世界发展的前列。西化论和复古论都已过时，历史已经要求世界超越西方，中国可以承担起世界的命运，而中国的现实和世界的历史都说明，中国的使命在于它的发展前进，而非倒退。

中华文明走出迷惘的时代，我们这一代处在一个伟大而具有挑战的历史阶段。

总结历史、展望未来，这就是《图说历史丰碑》的意义和使命。我们创作《图说历史丰碑》，力求总结和回顾中华文明的全貌，在内容和形式上都开创一个新的局面。在内容结构上，既具有一定的深度，又具有相当的广博性，既有严谨、准确的学术价值，又有活泼、流畅的可读性。我们在本丛书内容纳了中华文明的各个方面，使它综合了大规模学术著作的系统性、严密性和普及读物的全面性、简易性，它既可作为大型工具书检索中华文明的各个成分，又可作为通俗的读物进行浏览。

我们从上世纪90年代初起就开始思考中华文明的历史和现实问题，并逐渐形成了编著《图说历史丰碑》的设想。在开展这项庞大的文化工程之始，我们就聘请了国内权威学者李学勤、罗哲文、俞伟超、曾宪通、彭卿云诸先生担任学术顾问，他们对计划作了充分讨论，并审阅了大量初稿。我们聘请了广州、香港地区的社会科学学者、大学教师、研究生以及我社编辑人员几十人担任稿件的撰写工作。

通过创作这部书，我们深深地感受到了中华文明的博大精深，也感受到了它的内在缺陷。中华文明具有辉煌的时期，也有苦难的年代，有它灿烂的成就，也有其不足的方面。中华文明在自身中能够吸取充分的经验和教训，就能够使自身健康壮大，成长发展。

通过创作这部书，我们也深深感受到了出版事业的使命和重任。我们希望这部书能受到广大读者的喜爱，起到它所应当起的作用。为中华文明的反省、前进和奋起作一点贡献。

目 录

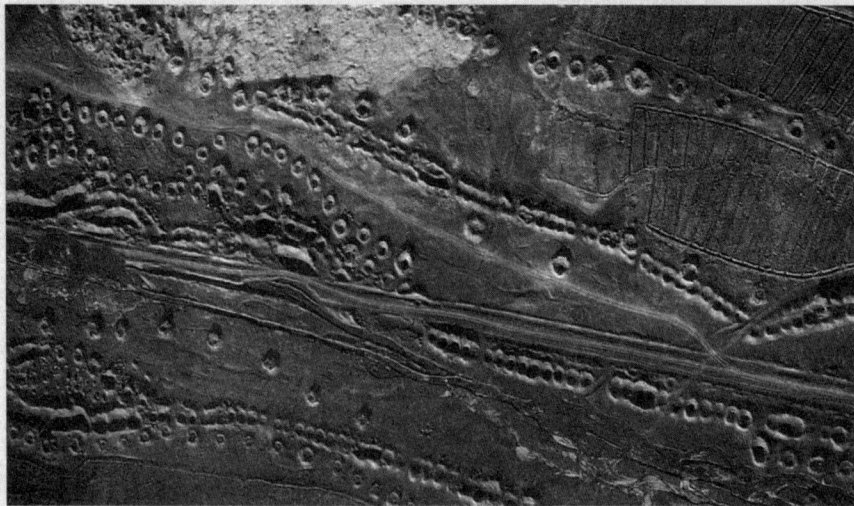

中国开始养蚕

蚕桑业自古以来就是中国农业的重要组成部分，它具有悠久的历史，早在六七千年前，我国祖先就已开始养蚕抽丝了。

蚕桑技术发源于中国，辽宁沙锅屯仰韶文化遗址出土的蚕形石饰、山西夏县出土的半叨割蚕茧、芮城西王村仰韶文化遗址出土的陶蚕蛹、浙江余姚河姆渡出土的蚕纹象牙盅都表明早在新石器时代，我们的祖先就利用蚕丝为自己的生活服务了。

我们的祖先对蚕不仅有了充分的认识，并且产生了巫术崇拜。这种对蚕

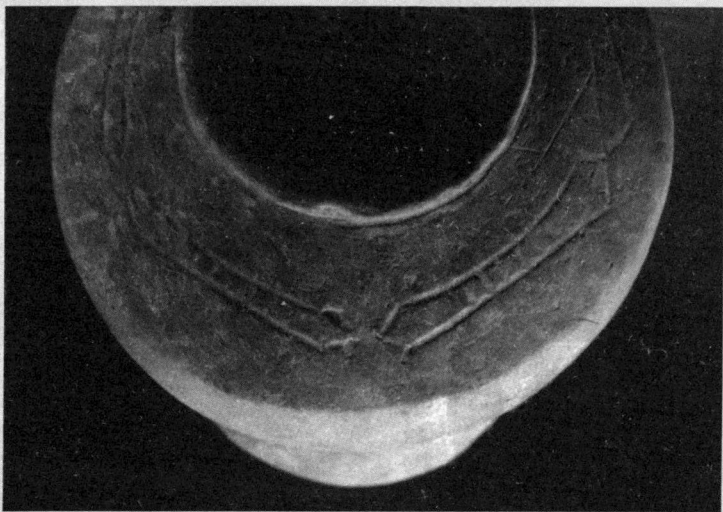

蚕纹陶罐底部蚕纹细部。在陶罐底部绘有清晰的一对蚕形纹，表明距今5000年前，中华民族对蚕已有成熟认识，并将其记录在器皿上。

崇拜的巫术观念，到了商代，演变为统治阶层对蚕神的崇拜，也说明蚕桑业在社会生活中扮演日益重要的角色。

新石器时代，还能生产丝织品，拥有较高水平的缫丝和织绢技术。浙江钱山漾出土的 4700 年前的放在竹管中的丝织品，其精密度已和现在生产的 11153 电力纺织的精密度相似，并有较好的韧性，说明在当时已能生产较好的丝织品。中国丝绸之邦的地位，实际上从新石器时代就已开始了。

纺织技术出现并迅速发展

　　纺织历来是人类社会最古老的一个生产部门，所谓"纺织"即将某种纤维性物质通过纺纱工序然后织成布帛。中国的丝织在世界文明史上具有重要意义。而中国的纺织技术则大约出现在旧石器时代晚期，与农业相伴发展，并在人类改造自然的过程中迅速发展，重要成就之一就是原始织机的发明。

　　在纺织技术的起始阶段，编结与编织技术给了纺织技术许多启示。例如：出土于山西芮城风陵渡匼河遗址的石球，这种石球是用来作飞石索投掷打击野兽的，飞石索多用皮条或植物纤维编成网兜来系住石球；此外还有大量出土的骨针，用来缝制和编结；《易·系辞下》中说："……作结绳而为网罟，以佃以渔。"编织的罗网即称"网罟"。这些实物证明编结技术与纺织技术密切相关，现在全国各省区的出土情况则说明纺织技术的发明地呈多元分布。

　　随着农业的发展和手工编结技术的提高，纺织技术出现并发展起来。纺，即"谓纺切麻丝之属为纻缕也"；织，即"作布帛之总名也"。纺织技术的出现和发展首先表现在纺织纤维的提取，新石器时代有植物性与动物性两种不同类型的纺织纤维，植物性的有葛、大麻、黄茼麻和纻，动物性的主要有蚕丝。开始时原料多采集，后来变成人工栽培或饲养。

　　对于葛麻纤维主要有两种提取办法：一是用手或手工具直接提取，这样的纤维多呈片状，如：河姆渡的绳子；二是浸沤脱胶即自然脱胶，利用池水中细菌分解胶质，分离出纤维。而对于蚕丝，则如《说文解字》中说的："缫，绎茧为丝也。"即将茧置于热水中，用文火加热并适时加入冷水，这样得到的纤维表面光滑均匀，如浙江吴兴钱山漾良渚文化遗址出土的织物残片。除此以外还有对葛麻纤维的劈绩技术，即劈分与绩接，前者是将脱胶的纤维撕裂至小，后者就是将劈分的细小纤维束合接续在一处。

纺织纤维的提取为纺织技术的出现与发展提供了物质基础，最早的丝织品是 1958 年在浙江吴兴钱山漾下层（第四层）良渚文化遗址出土的织物残片。早期的纺织品还有陕西华县柳子镇遗址出土的麻布片和江苏吴县草鞋山遗址马家浜文化层出土的织物残片（已碳化）。此时的纺纱技术操作全是手工进行，新石器时代唯一的纺纱工具就是纺坠。纺坠的构造十分简单，最初只是一根垂拉纤维的木棍和与之垂直的木杆，具体操作则有吊锭与转锭二法，尽管纺坠的结构非常简单，却具有现代纱锭合股和加捻的基本功能，可纺出多种粗细不同的纱，原因就在于它的组成部分——纺轮的外经大小与重量，外经大纺轮重则成纱粗，反之则细。除纺坠外还有施捻合股合并细线的纺专。

经过提取、绩、纺，纺织纤维成为纱线，于是织造成为可能。开初的织造是一种手工编织，在技法上大约还借鉴过竹器编织术，具体的新石器时代的手工布帛编织术有平铺与吊挂二式，河姆渡出土的骨针、骨梭等就是当时的编织工具。在不断的实践过程中人们逐渐克服手工编织的速度慢、产品粗的缺点，发明了原始织机。根据考古发掘可推断出原始织机发明于新石器时代早中期。从河姆渡、钱山漾、草鞋山的考古发掘看，我国在新石器时代使用原始腰机，它由两根横木、一个杼子、一把打纬刀、一根综杆和一根分经棍组成，综杆可使需要吊起的经纱同时起落，纬纱一次引入，打纬刀则抽紧纬线，可完成开口、引纬、打纬三项主要操作，使原始织机具有机械装置的一些特点。

由于原始织机的使用，织物的产量及质量都有提高，草鞋山、钱山漾出土的织物可看出织机的痕迹，由此证明我国纺织技术出现后，人们通过努力不断发展完善纺织技术，进入了纺织品的文明时代。

新石器时期农牧技术普遍提高

原始社会的生产力极其低下，到新石器时代，随着生产工具和生产技术的不断改革、进步，推动着我国原始农业不断向前发展，农业生产的发展又反过来促进了农业生产技术和生产工具的改进，两方面相辅相成，共同提高、进步。

旧石器时代尚处于刀耕火种的原始农业阶段，专用农业生产工具极少，没有固定的形制，也没有配备成套。进入新石器时代，原始农业进入锄耕或耜耕阶段，如磁山文化、裴李岗文化等都有从耕翻土地的农具到收获加工粮食的配套工具，磨制的石铲、石斧、石镰和石磨盘都已经大量使用，提高了劳动效率。河姆渡遗址凭精致的骨耜、角器和木器构成了独特的文化特点——耜耕农业，与北方的锄耕农业相区别。

到仰韶文化时期，原始农业已经进入比较发达的锄耕阶段，半坡遗址中出土了大量农业生产工具，而且出现木质末耜上安装上骨、角刃的复合工具。

河北磁山出土的新石器时代骨铲。骨铲是用于松土和翻土的农具，形状扁薄而宽，一般为单刃，有石质和骨质两种，分有肩和无肩两类。古时播种，人们用骨铲或石铲掘土点种。

河姆渡出土的新石器时代的骨耜。耒耜，是新石器时代的
农具，是当时主要的松土农具，有石质和骨质两种。在耜
的基础上，再装上木柄即称"耒"，成为耒耜。

半坡陶制工具数量最多，占工具总量的 63.2%，以便节约有限的石材。石磨
盘和石磨棒制作粗劣，粮食加工已经用杵臼，均为木质，逐渐取代了石质碾
磨器。

　　龙山文化时期的农业生产工具比仰韶文化进一步提高，农业开始进入相
当发达的锄耕阶段。龙山文化已经开始广泛使用当时先进的翻土工具双齿木
耒，石铲更为扁薄宽大，磨制精细，出现可装木柄的有肩石铲和穿孔石铲，
显示出前所未有的新面貌。龙山时代的农业生产工具无论从数量、质量、种
类诸方面来看，都远远胜过仰韶文化。收获工具的大改进，表明生产工具发
达之后农作物产量大大增加的情况。

　　与此同时，同样处于原始农业的良渚文化在农业生产工具上有大改革，
已经开始进入犁耕萌芽的阶段，出现了石犁，安装在木犁床上使用，犁床的

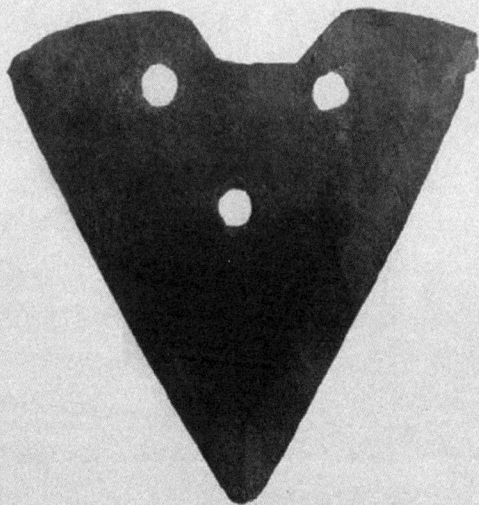

上海松江平原村遗址中出土的新石器时代的三孔
石犁。石犁是远古农民耕地的主要农具，它的
出现是我国农具一个划时代的进步，距今已有
5000多年的历史。

新石器时代的穿孔玉石斧。石斧是古人类刀耕火种阶段的主
要农具。当时，人们用石斧把灌木丛树砍倒，用火焚烧以清
理场地，然后用尖头木棒刺土下种。石斧除开耕地外，还用
于加工木材、营造房屋。

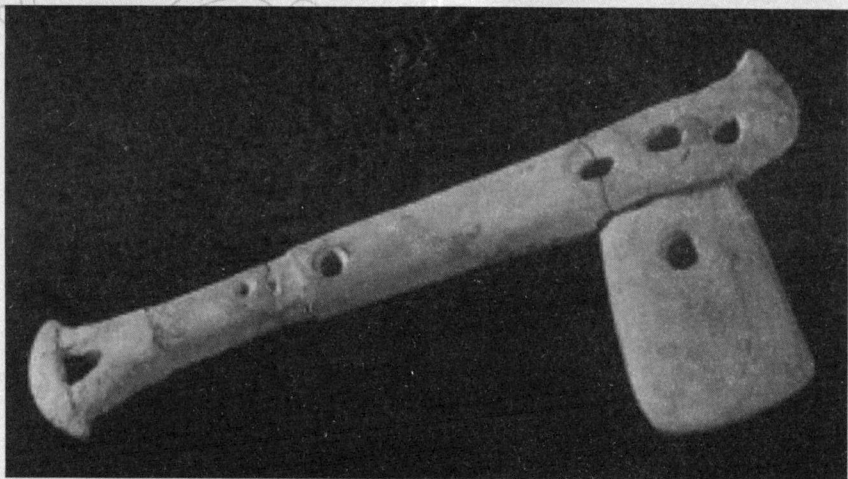

江苏淮安出土的新石器时代带柄穿孔陶斧

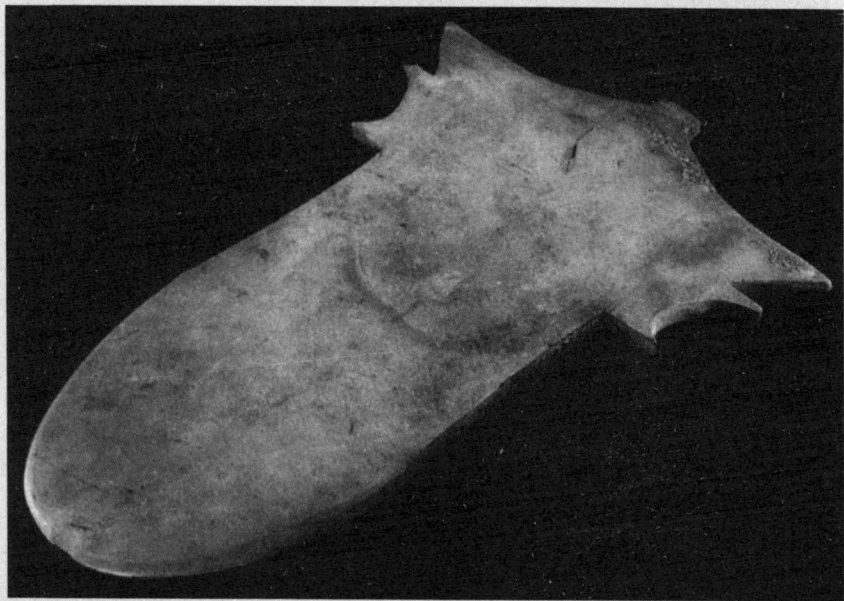

广西隆安出土的新石器时代大石铲。此为原始氏族进行
与农业生产有关的祭祀活动时用的器物。

上面有长辕，由人力牵引，将间歇性的锄耕或耜耕发展为连续动作的犁耕。结合水田开沟排灌的需要，发明了斜把破土器，形体上呈不规则三角形，长边有刃居下，后部上角有一矩形缺口，用来装柄，成为石耜一类的复合工具。使用方法同钱山漾、梅堰、孙家山等遗址出土的"耘田器"相仿，可用来开沟和在沼泽地的开荒。农具种类的增多和形制的日益多样化表明了河姆渡文化农业生产的不断进步和发展。

纵观原始社会的进化发展过程，生产工具的水平代表着生产力水平，推动着原始农业向前发展，也推动着原始社会不断向文明社会发展。到了新石器时期，农业生产工具不断推陈出新，促使原始人类不断改进农业生产技术，从而使新石器时代的农业生产技术得到了普遍的提高。

内蒙古赤峰出土的新石器时代的石锄。中国原始农业大致可分为刀耕、耜（锄）耕、犁耕三个发展阶段，人们在锄耕阶段懂得了松翻土地后庄稼长得好、收得多的道理。

新石器时代渔猎技术提高

　　新石器时代，随着原始农业的产生，起源于旧石器时代的渔猎业不但没有消失，反而得到了更进一步的提高，成为整个社会经济中不可或缺的组成部分，其进步主要体现在渔猎工具和渔猎技术两方面。

　　狩猎工具包括弓箭和矛，弓箭产生于旧石器时代，其箭头（即镞）在开始时只有为数极少的几种，到新石器时代已发展到圆底镞、尖底镞等十多种型式，质料也包括石、骨等。矛在当时也发展到六种。捕鱼工具包括鱼镖、鱼叉、鱼钩等，其中鱼镖由镖头、镖杆、绳索组成，分固定式和可离式两种；鱼叉由鱼叉头、标杆和绳子组成；鱼钩由骨、牙磨制而成，分无倒刺式和有倒刺式两种。

　　旧石器时代，捕鱼方法比较原始，仅限于徒手、石掷、木棒打、鱼叉叉等几种方法。到新石器时代，由于鱼镖的出现，逐渐出现了较为先进的捕鱼技术。如西安半坡出土的可动式鱼镖，镖头装有倒刺，镖尾有孔，供以穿绳

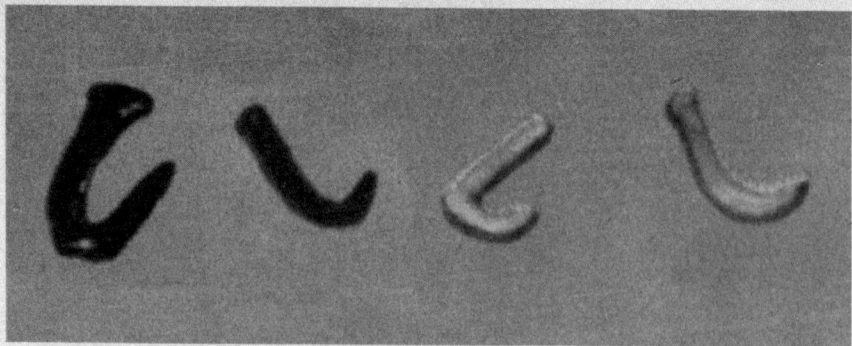

新石器时代的蚌鱼钩

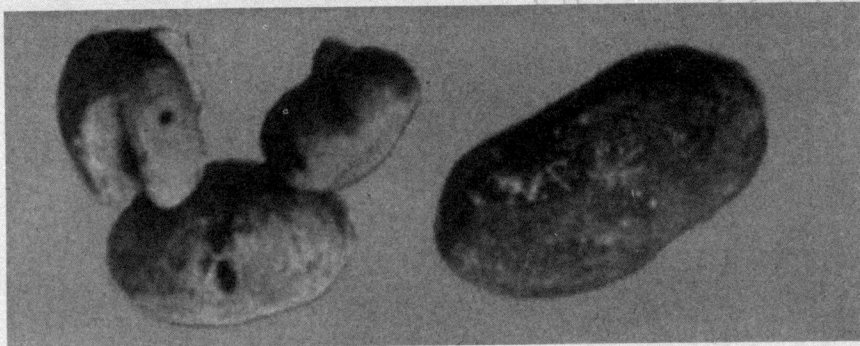

新石器时代的石网坠和陶网坠

索之用。刺鱼时，鱼镖尾部插入镖杆前端刺中鱼后，由于水的阻力和鱼的挣扎，镖头和镖杆分离，人们就可把鱼拖上岸。除鱼镖外，人们还使用钓鱼、网捕、笱捕等技术。

狩猎技术在新石器时代的发展，主要体现于弓箭、矛及一些新式工具的广泛应用。河姆渡遗址中曾发掘出骨镞330多件，半坡也出土了箭镞288件，其中骨制的就有282件。在广泛应用弓箭的基础上，又发明了弩弓和弋射。弩弓就是通过扣动戴在右手大姆指上的扳指来发射弹丸或石球，以射杀猎物，相对于弓箭而言，弩弓射程远，杀伤力大，并且易于瞄准和掌握方向，命中率高。弋射则是弓箭在另一方面的发展，形状与弓箭相似，且在箭的尾部系有长线，便于射中猎物后牵动长线，将猎物拖回。这都是旧石器时代的弓箭所无法相比的。

渔猎技术在新石器的发展和提高，为人们在以后的时期内开始大量地捕获猎物和鱼类，并进行人工饲养和繁殖创造了物质条件。

三星堆青铜人像代表最早的蜀文化

距今三千余年前，蜀地先民创造了具有很高艺术价值的独立的青铜雕塑艺术品。1986 年在四川省广汉县三星堆蜀文化遗址出土了大量青铜人头像，反映了蜀文化的艺术成就及其地域特点。

三星堆遗址出土的商代大型青铜雕塑作品，以人物雕像最具特色。青铜人头像的大小与真人相当，共 10 余件，有贵族头像，也有奴隶形象。青铜人像都头戴冠帽、颈部有衣领等。面部均作夸张的表情，五官线条清晰有力，眼大，呈杏叶形，但没有表现眼珠。耳朵形如扁尖的扇子，耳垂有穿。抵嘴，形容坚毅，冷峻。与中原地区出土的雕塑人像有很大的差别。其中有一具完整的全身铜像，高达 1.70 米，形象生动，服饰华丽。

小的青铜人像通高 15 厘米，双手抚于膝盖之上，作跽坐状，头上有冠，腰间束带。小型青铜人面相高 6.5 厘米，头部特征与人头形象相似，面部普遍呈扁阔状。

三星堆还出土有青铜方座大型立人像、人头像、人面像、人面罩及雕刻于其他器物上作为装饰的人头像。这些人像由不同的制作模型铸造，所以无一雷同，神态各异，精致优美，显示了不同人物的个性和身份。这说明当时的青铜铸

三星堆出土青铜人面具

造技术已十分成熟。

三星堆大型青铜雕像的发现，表明商周时期确实存在着独立的雕塑艺术品，并且具有高度的技艺水平和宏大的规模。如果我们将5000年前红山文化的大型陶塑，和2000多年前秦始皇陵的陶兵马联系起来，广汉青铜人像雕塑群正是中国雕塑史长链中的一个承上启下的环节。

三星堆青铜雕像反映了三千年前巴蜀地区青铜文化的艺术成就。三星堆遗址是时代最早、面积最大的蜀文化遗址，它的发现为研究古蜀文化提供了保贵的实物依据。巴蜀文化历史悠久，其主要民族是传说记载中的廪君蛮或廪君的后裔。蜀地农业发达，水利建设较早。历史上它与中原保持联系，其文化一方面受中原文化的影响，另一方面又具有本地的特色。三星堆铜器如实地刻划出古蜀民族的独特风格，与中原地区的雕塑作品相比，它在造型和纹饰加工方面都达到了较高的艺术水平。此外，巴蜀文化还创造了自己的象形文字——巴文。

大汶口文化兴起

大汶口文化是黄河下游地区的新石器时代文化，因1959年发掘的山东省泰安县大汶口遗址而得名。主要分布在山东省泰山周围地区，延及山东中南部和江苏淮北一带。年代约始自前4300年，到前2500年发展成山东龙山文化。大汶口文化分为三个发展阶段。早期约在前4300～前3500年之间，以刘林、王因遗址为代表。中期约在前3500～前2800年之间，以大汶口墓地早、中期墓为代表。晚期约在前2800～2500年之间，以大汶口晚期墓为代表。

大汶口文化以农业经济为主，种植适合黄河流域的耐旱作物粟。农业生产工具有石铲、鹿角锄等，木质农具如耒、耜等已经出现。三里河遗址中发现了贮藏的窖穴，表明当时已有较多的剩余粮食。

大汶口文化的饲养业比较发达，饲养猪、狗、牛、羊、鸡等动物。渔猎经济占有一定的比重，骨镞、角质鱼镖、网坠等遗物表明当时居民还进行狩猎和捕鱼。当时还出现了一种大汶口文化的特有的

山东泰安大汶口出土彩陶背壶

獐牙刃勾状器，鹿角为柄，可用来铺鱼和切割，为多用途复合工具。

大汶口文化的陶器制作工艺在不断发展。早期以红陶为主，形状简单，还有火候不足造成的一器多色的现象。中期盛行灰陶，陶制品的种类明显增加。晚期则以黑皮陶为主，陶胎为棕红色，少量为纯黑陶。轮制技术的广泛使用使陶器制作获得长足的进展。晚期出现了快轮制陶工艺，发现了新的制陶原料，产生了一种质地坚硬、胎薄而均匀、色泽明快的白色、黄色、粉红色陶器，统称为"白陶"。大汶口文化制陶工艺最高水平的代表为薄胎高柄杯，造型优美，色泽鲜亮，集实用性和观赏性为一体，成为龙山时代蛋壳黑陶的祖先。

制石、制玉、制骨等手工业在大汶口文化中已经比较发达。石质工具多为磨制，并穿孔，出现了管穿法和凿穿法两种穿孔方法。玉质饰品有璜、玦、管等，大敦子遗址中出土了软玉制成的环刃小刀和硬度很高的碧玉铲。

大汶口文化的房屋有圆形半地穴式，屋顶为木质的原始梁架结构，屋顶呈圆锥形。还有方形平地起建式，墙基挖沟槽，沟内填黄土立木柱砌建而成。当时的房屋大多结构简单，面积不大。

大汶口文化的墓葬形成墓群，各墓间排列整齐，头的朝向基本一致。墓葬的集中和疏散排列，反映出氏族成员之间的亲疏关系。形制多为长方形土坑

山东曲阜西夏侯出土陶

江苏邳县大墩子出土八角星形纹彩陶盆

江苏邳县大墩子出土彩陶
器座

竖穴墓。中晚期后盛行木结构的葬具，有长方形木柜，"井"字形木椁和长方形木框上再套一框。男女合葬墓的比重越到后期越大，可能是在父权制度确立后的夫妻合葬或妻妾殉葬的情况；还有一种厚葬墓专门为保护氏族利益而死的人使用。随葬品的多寡越到后期越是悬殊，而且男人多为生产工具，女人则多为纺轮，说明男女的分工已经明确，女性从事家务劳动，男子从事农业生产。随葬猪下颚骨成为当时的风尚，猪颚骨的多少成为衡量财富占有量的标尺。随葬的獐牙勾形器则为权力和地位的象征。这表明，大汶口文化晚期已经出现了严重的贫富分化，原始氏族社会已经逐渐走向解体。

西周新型土地制度井田制普及

　　井田制是由原始氏族公社土地公有制发展演变而来的一种土地制度，据《孟子》等古代文献记载，它存在于西周以前的一个相当长的历史时期，但直到西周才臻于完善，这一制度因耕地划作井字形块状而得名，其特点是实际耕作者对土地无所有权，而只有使用权。

　　甲骨文中田字作田囲等形，被认为是井形块状耕地的证据，可见井田制的久远。西周时，每长、宽各一里（周里）的土地称一井，每井计有土地900亩，8家农户耕种其间，中间百亩为公田，8家合种其中一部分为公用菜地、住宅地等。其余800亩每户各分种100亩，这就是《孟子》中所载的八家共井说。而《周礼》则以九夫为井，方一里为

西周时代的汲水具

一井，方十里为"成"，即百井；方百里为"同"，即一万井；构成井田体系。因而井田制大致可分为两个系统：八家为井而有公田与九夫为井而无公田。

在井田制下，凡遇须休耕轮种的土地，或土地质量相差悬殊，可据情调整各农户土地分配数额，甚至有时土地在一定范围内实行定期平均分配。成年农民，按一夫百亩的标准受田，至老死归田，对土地只有使用权，因此田地不能买卖。

井田制下劳动者的经济负担除田地税以外，还有赋。田地税不仅要缴纳地产实物，还要向领主以耕种公田的形式提供劳役地租。赋是军赋，军队的装备连同士兵的服役合在一起的统称，它既有一部分以劳役支付，又有一部分以实物支付，因此井田制下受田的夫，也就是战争服兵役的丁壮，作战所用的器械、粮食、草料、牲畜，也由国家按井数来规定。

由于对夏、商、周三代的社会性质认识各异，因而对井田制所属性质的认识也不相同，有的认为是奴隶制度下的土地国有制，有的认为是封建制度下的土地领主制等，虽众说纷纭，但在承认井田组织内部具有公有向私有过渡的特征，其存在是以土地一定程度上的公有作为前提这一点上则认识基本一致。

西周中期，土地在长期占有的情况下很容易转化为个人私有，贵族之间已出现土地交易现象，土地的个人私有制至少在贵族之间已经出现。春秋时期，晋国的"作爰田"，鲁国的"初税亩"等，也都是在事实上承认土地个人私有制普遍存在的情况下进行的改革，说明井田制逐渐趋于瓦解，前350年商鞅变法，废井田，标志井田制的崩溃。但是这种均分共耕之法对后世的影响却极为深远。

裘卫家族买卖田地·井田制走向崩溃

裘卫家族活动于周穆王到宣王时期，铸有大量的青铜器。可能是西周末年戎狄乱中原时，这个家族仓皇东迁，无法带走这些重器，挖窖深藏，后来无人知晓，便长期沉埋于地下。1975年2月，陕西岐山南麓董家村的村民耕地时，无意间发掘了这批裘卫家族青铜器，使其重现于世。

这批青铜器共37件，绝大多数都有铭文，最长篇达307字，它们记载了这个家族从穆王至宣王100多年中的活动历史，内容极其丰富，涉及到政治、经济、法律、人际关系、田地制度、工商买卖等诸多方面，为我们提供了极为宝贵的西周社会状况的第一手资料。其中裘卫三器：三年卫盉、五年卫鼎、九年卫鼎，记载了买卖田土的经过，透露出井田制崩溃的信息，可以推定，至少到周共王时期，那种"田里不鬻"的情况已经改变。

卫簋铭文记载周王对裘卫的赏赐

周有"司裘"之官，掌管"攻皮之工"，裘卫是周王朝主司加工裘皮手工业的官员，以裘为姓，卫为名。《三年卫盉》载：周共王三年，裘卫以瑾璋，价值八十朋，换矩伯十田，以两个价值二十朋的其他物品换矩伯三田。伯邑父、英伯、定伯、京伯、单伯五位执政大臣主持田地移交命令三有司（司徒、司马、司工），付与裘卫田。这个资料甚为重要。西周时代田地为国家所有，"普天之下，莫非王土"，国家分配公田，按户授民，或按王命赐给臣民，但均须登记付税。授田的制度出现在西周铜器铭文中，是对经籍所载的有力佐证，矩伯和裘卫之间的土地更动，须经官方同意，在正式的程序下，如上报五位执政大臣，这五位大臣又命三司主持授田，很是慎重。

《五祀卫鼎》载：周共王五年，裘卫向井伯、伯邑父、定伯、京伯、伯俗父五位执政大臣控告邦君厉。说为执行玨关心人民劳苦的命令，在昭大室东北方治理三条河川，愿拿出五百亩来与厉交换。官员们遂询问厉是否同意交换田亩。厉表示同意，五位执政大臣便要求厉起誓，然后命三有司来勘定裘卫应得的田界，即厉的四百亩田。厉还给出邑中的部分屋宇。这样裘卫所得的田，北边和西边与厉田交界，东边和散田交界，南边和散田及政父田交界。铭文中记载了通过官方交换田亩，官方勘定田亩，又详记田界，有极高的史料价值。

《九年卫鼎》载裘卫以车辆、绢帛、马匹等物交换矩伯的一个"里"。

裘卫三器关于田地交换的铭文为我们提供了土地交换的价格，即

1件玉璋＝80朋＝10田

四百亩＋部分邑中屋宇＝五百亩

1辆车＋二（或三）匹帛＝一里

可见当时实物和货币都可充当一般等价物在交换中使用。土地用来交换或转让，是奴隶主土地国有制遭到破坏和土地开始私有化的重要标志，裘卫家族青铜器铭文中土地关系的记载为研究西周的土地制度提供了重要的资料。

青铜工具大量使用

铁铲。春秋时代文物，陕西凤翔秦公墓出土。

青铜农具比较大量地生产和使用是在春秋时期。在黄河流域中游陕西、山西、河南等省发现的铲、臿、镢、斤等青铜农具，形制和种类虽没有超出商和西周，但数量大大增加了，铸造技术也有很大进步。侯马晋国遗址出土了几千块铸造青铜工具的陶范，其中镢、斤类陶范占总数的 80% ~ 90% 以上。长江流域使用青铜农具较为普遍，在江苏、浙江等吴、越国地域内都出土了青铜、锄、镰、斤、耨等农具。安徽贵池也出土了一批青铜农具。这一地区出土的锯镰，或称齿刃铜镰，制作十分科学，用钝了，只要在背面刃部稍磨，便又会锋利。它是近代江、浙、闽、鄂等地仍在便用的镰刀的祖型，是吴、越地区颇具特色的一种农具。当时，冶铸业以农民个体家庭"人而能为镈"的小手工业形式存在，反映出青铜农具使用的普及。

铜勺

耦耕逐渐消失

耦耕是战国之前普遍实行的以两人协作为特征的耕作方法。当时因生产工具、技术较为落后，许多生产活动均非一人所能独立完成，故需协力合作。古书中有关于耦耕的明确记载，如《诗经》中有西周时往往"千耦其耘"、"十千维耦"。《国语·吴语》说："譬如农夫作耦，以刈杀四方之蓬蒿。"这些记载说明耦耕在农田劳动中的重要性。《论语·微子》："长沮、桀溺耦而耕"，表明春秋末年尚保留耦耕。

由于各种农田劳动都要求协作，就需要在劳动之前对劳动力加以组合，一般是在岁末由官吏来主其事，《吕氏春秋·季冬纪》载有："命司农计耦耕事"。

战国时因生产力的提高，牛耕方式逐渐推广，耦耕不复存在。

鲁国实行初税亩

春秋时期，诸侯之间大欺小，强凌弱，关系错综复杂。当时不仅有晋、楚两大集团的对抗，在每一集团内部亦往往发生矛盾冲突。齐、鲁都属于晋集团，但齐国往往倚仗强大而欺负鲁国。鲁国为积聚财富、增强军力，进行了许多内政改革。

周定王十三年（前594），鲁国开始实行按田亩之多少征收田税的"初税亩"。商、周以

春秋时期用木炭还原法制得的铁制品

来为井田制度，国家对于人民籍而不税，行力役之征，借民力以耕公田。春秋以后井田制崩溃，人口流动增加，生产力得到大发展，私田日辟，为增加

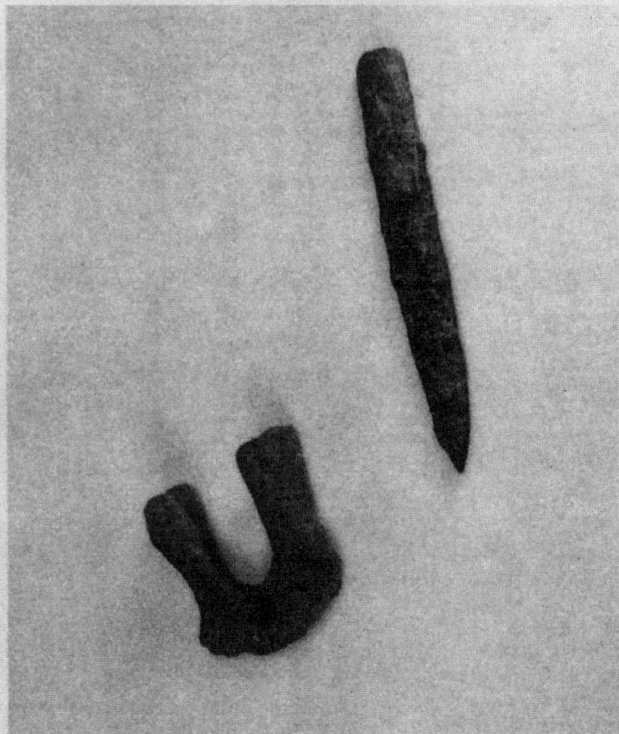

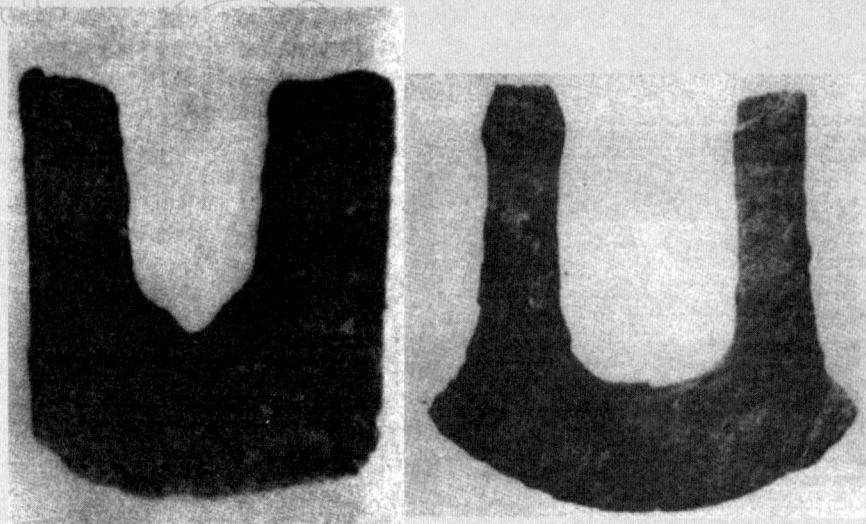

铁锄

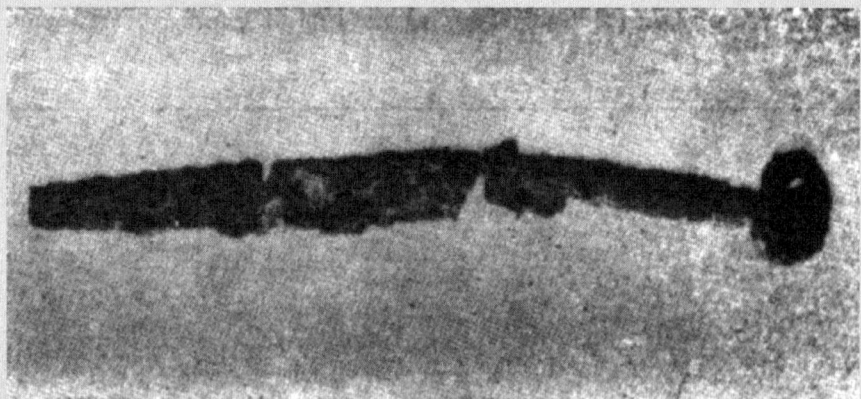

铁削

国家之财政收入，鲁国遂于此年实行按亩收税。周定王十六年（前591）齐、鲁交恶，鲁国害怕齐国侵伐，于第二年"作丘甲"，增收军赋，以加强军事力量。

　　"初税亩"制度的实行，表明私田的大量出现，得到官方的承认。自此，井田制宣告全面崩溃，一种新的封建土地制度开始形成。

吴凿邗江

吴王夫差为着攻伐齐、晋，称霸中原，于前486年，下令在邗（今江苏扬州市东）筑城，又开凿邗江（又名邗沟、邗溟沟、渠水、中渎水），南引长江水，北过高邮西，然后折向东北入射阳湖，又从西北流经淮安往北与淮河相通，这样就使漕运能从长江一直达到淮河。邗江为我国最古的运河，后代大运河仍利用其河道。

邗沟

五谷命名定型

《论语》的"微子"篇中说到"四体不勤，五谷不分"，这是中国史籍中首次提到五谷。五谷的概念在春秋时代开始定型，五谷成为中国食物的主体。

五谷指的是哪几种作物，有三种说法。黍、稷、麻、麦、豆，黍、稷、豆、麦、稻，稻、秫（稷）、麦、豆、麻，三种说法不尽相同，但共包含6种作物，与《吕氏春秋·审时》篇所说的6种主要粮食完全一致，中国的主食结构在春秋时代基本定型。

《论语》书影

已知最早的辘轳出现

　　辘轳是古代的起重机械，属于绞车中的一种类型。辘轳在春秋战国时代已用于从竖井中提升铜矿石。1974 年在湖北铜绿山春秋战国古铜矿遗址发掘中发现木制辘轳轴两根，其中一根全长 2500 毫米，直径 260 毫米，经判定为用于提升铜矿石的起重辘轳的残件。这是已知最早的辘轳。

采矿用辘轳复原图

战国青铜工具普及生活各方面

战国禽兽纹镜

春秋战国时代，因礼乐崩溃，使王室之器衰退，诸侯之器兴起，日用器也发达起来。尤其是春秋晚期以来，随着经济生产发展，青铜工具开始增多。此时整个青铜器物的形制打破了商、西周时的呆板、厚重、千篇一律的局面，而代之以轻便、新颖的造型，种类也更增多起来。

由于经济发展，战争频繁，铸钱业、铸镜业、铜剑等兵器铸造业遂成了青铜业的重要生产部门。并出现了层叠铸造、失蜡法铸造和金属型铸造，使青铜器进一步满足了社会的各种需要；锻打、钎焊、镂刻、镶嵌、鎏金银，以及

战国四虎镜

战国镶嵌金银虎子。生活用具。

战国前期人形足器座

战国炉。取暖用具。器呈长方形，口略大于底，直壁，平底，四蹄足。器两
端附环链，四足上方口沿处附有突起的垂直插眼。腹壁饰菱纹。

战国镶嵌虎噬鹿屏风插座。虎背的前部和后部各有一长方銎，銎内有木榫。通体错金银。是战国时期写实造型艺术中的杰作。

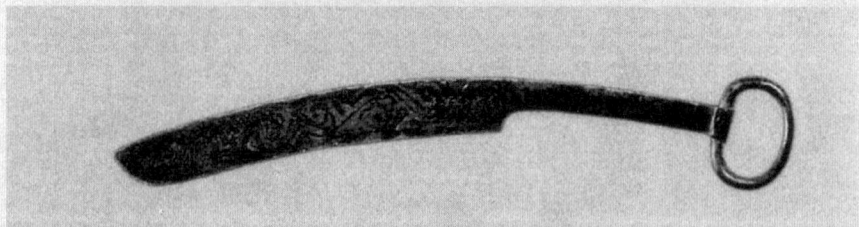

战国云纹削刀。文书用具。刀身微弧，窄把，尾端有椭圆形圈钮。刃部锋利，脊背厚实。刀身饰云纹。小巧精美。

淬火回火技术，都得到了较大发展。青铜工具就是在这种环境下数量大大增加。春秋时期开始，青铜农具比较大量地生产和使用，手工业工具、多用途工具，因手工业的发展亦逐渐增多，而且品种繁多。到了战国晚期，青铜礼器已经很少制造了，其主导地位已被青铜工具所代替。

战国漆绘人形灯。人物踞坐，偏髻，有簪，束冠。两手捧持叉形灯柱，柱顶有环形灯盘。

秦初租禾

　　周威烈王十八年（前408），秦国对租税制度进行改革，实行"初租禾"。"租"指土地税，"禾"是粮食。"初租禾"即第一次按土地亩数征收实物地租。其意义与160年以前鲁国的"初税亩"一样，反映了有人已将属于国有的"公田"据为己有，或者另外开垦私田，出现了封建的生产方式。秦国统治者承认"私田"的合法性，而一律征税，地主制度正式成立。

辘轳的运用

战国普遍使用铁制农具

　　战国时期，冶铁业发展迅速，各种农具已普遍用铁制造。铁镰、铁锥、铁锄为当时农民的必备工具，铁农具已成为农民不可离开的重要生产工具。考古发掘中出土的大量实物更是当时铁制工具广泛使用的确凿证据。在河南辉县的五座魏墓中，出土了犁铧、铁镰、铁斧等农具58件。在河北兴隆燕国遗址中，一次发现了制造农具的铁范共87件。在石家庄赵国遗址出土的铁制农具，占各类工具总数的65%。在辽宁抚顺莲花堡燕国遗址中出土的铁农具，占全部出土农具的90%以上。原战国七雄所在地区，都有铁制农具出土。

战国时期的铁犁头

　　以上铁农具已能使用于农业生产的各个环节：垦地、翻土、开沟、整地、除草和收获。同一器类的铁农具还有不同的形式。

　　战国时期的农具绝大多数都是木心铁刃的，即在木器上套了一个铁制的锋刃，这就比过去的木、石农具大大提高了生产效率。从考古出土的实物看，当时使用呈V字形的铁犁头，有利于减少耕地时的阻力；铁锸可增加翻土深度；铁耨则可有效地用于除草、松土、复土和培土，此外，这一时期推

战国时期的铁镰刀

广的连枷，是一种有效的脱粒农具，为后世所长期沿用。

　　战国中期以后，铁农具的成型和加工工艺技术都达到相当高的水平，普遍采用白口铁铸件经控制脱碳热处理的方法来制造农具。解决了某些农具既要求有坚硬锋利耐磨的刃口，而又要具有韧性的矛盾。铁农具的制造此时也趋于规范化，如犁铧，不论是在山西、陕西，还是河北、河南，或在山东出土的，均作"V"形刃，呈等腰三角形，加套在木制犁床上使用。虽然结构简单，但已具备了后世犁铧的基本形态。

鸿沟水利工程动工

前 339 年，魏国在都城大梁（今河南开封）北郭开挖大沟，连接圃田（古代著名湖泊之一，在今河南中牟县西），使之与黄河至圃田之间的运河相接，引黄河水灌溉农田。此为鸿沟水利工程的北段，也是最早开凿的一段。后经各国陆续开凿，终于完成战国时期中原最大的水利工程——鸿沟。

鸿沟古河道遗址，河沿大堤仍依稀可见。

鸿沟的主干，从今河南荥阳以北，与济水一起分黄河水东流，经魏都大梁折向东南，流经陈国的旧都（今河南淮阳），在今沈丘附近注入颍水，颍水又下流注入淮水，从而沟通了黄河与淮水。鸿沟又有丹水、睢水、涉水三个分支，丹水从大梁东流直到彭城（今江苏徐州），再注入泗水；睢水在大梁以南分出东南流，经过宋都睢阳（今河南商丘东南），经今安徽宿县、江苏睢宁以北，注入泗水；涉水也在大梁以南分出东南流，经过蕲（今河南宿县南）注入淮水。鸿沟的设计与开凿，巧妙顺应东南部比较低下的地势，构成了济、汝、淮、泗之间的水道交通网，显示了当时水利工程技术水平的进步。

中国现存最早的大豆

中国是大豆的起源中心。秦代以前大豆一般称"未",后假借为"叔",或作"菽"。卜辞中贞问"受菽年"而系有月份的,目前已发现有二片记载为二月及三月,可见商代大豆已有栽培。到西周时,"菽"在《诗经》中多处出现,如《豳风·七月》有"黍稷重穋,禾麻菽麦",说明大豆已是重要的粮食作物。"叔"在周代金文中写作㤅、叔等形,说明造字时已经注意到大豆根部有根瘤的现象。

大豆因不易保存,考古发掘中发现极少。迄今仅有山西侯马出土的战国时期 10 粒尚未炭化的大豆,以及黑龙江宁安县大牡丹屯出土的炭化大豆,都是距今 2000 多年的实物。此外在河南洛阳烧沟的汉墓中发掘出距今 2000 年前的陶仓,上有朱砂写的"大豆万石"4 字,同时出土的陶壶上则有"国豆一钟"字样,都反映了中国种植大豆的悠久历史。

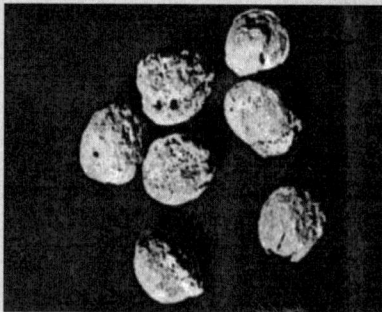

战国时期出土的大豆

李冰主持兴修都江堰水利工程

秦昭王五十六年（前251），李冰主持兴修水利。李冰是秦昭王、孝文王时的蜀郡守，在担任蜀郡守期间，主持修建了岷江上的大型引水枢纽工程——都江堰，都江堰也是现有世界上历史最长的无坝引水工程。

岷江水流湍急，夏秋季节水位骤升，给平原地区造成灾害。李冰通过实地考察，总结历代民众治水的经验，巧妙地因势利导，于今四川灌县西部，

宝瓶口。都江堰渠首由"鱼嘴"、"飞沙堰"和"宝瓶口"等主要设施组成。"宝瓶口"是内江进入灌溉区的咽喉，被开凿的岩石堆于内外江之间，称为"离堆"。

都江堰杩槎，用于挡水截流的木竹石构件。

都江堰。位于四川灌县，约创建于前251年。秦蜀郡守李冰主持修建。从此，川西平原"水旱从人，不知饥馑"，四川因而成为"天府之国"。

都江堰三字经

主持修建了都江堰水利工程。

都江堰水利工程主要由鱼嘴（分水工程）、飞沙堰（溢流排沙工程）和宝瓶口（引水工程）三大主体工程组成。鱼嘴建在江心洲顶端，把岷江分为内江和外江。内江为引水总干渠，由飞沙堰、人字堤和宝瓶口控制泥沙及对水量进行再调节。外江为岷江正道，以行洪为主，也由小鱼嘴分水至沙黑河供右岸灌区用水。由于堤岸修筑于卵石和沙砾之上，在冲积很深的河床上不易筑成永久性堤岸，所以采用竹篾编成竹笼，里面装满巨大的鹅卵石层层堆积以使堤岸牢固。由于三大主要工程的合理规划布局和精心设计施工，都江堰水利工程发挥了良好的引水、防沙、排洪等结合作用。在适宜河段的恰当位置修建鱼嘴，能使枯水时内江多引水，洪水时外江多泄洪排沙；在河流弯段末端建飞沙堰，利用了环流作用，能大量溢洪排沙；宝瓶口凿通玉垒山使内江水通过宝瓶口引向成都平原灌溉三百万亩良田，宝瓶口在人字堤配合下又能控制内江少进洪水，

减免成都平原洪涝灾害。都江堰在历代的完善、保护、维修管理，历二千多年而不废，至今仍发挥着重要的作用。

都江堰之外，李冰还主持兴修了蜀地南安江、文井江、洛水等水利工程。李冰成功主持的一系列除水害、兴水利的工程，造福于历代，为百姓所颂扬、怀念，从东汉开始就有了李冰治水的神话传说。

灵渠建成·沟通南北水系

秦始皇三十三年（前 214），军尉屠睢指挥 50 万大军，分五路南下，对居住在今两广地区的南越和西瓯进行大规模的战争。在征伐过程中，秦军遭到越族的强烈抵抗，并因运粮困难，不能获得胜利，相持达 3 年之久。

为了支援征服南越和西瓯的战争，解决进攻南越秦军的供应问题，秦始

广西兴安秦灵渠遗址。灵渠为世界上最早的有闸运河。

皇派监禄在今广西兴安县北开凿一条连接湘水和漓水的运河，以"通粮道"，这就是著名的灵渠。灵渠选择湘水和漓水最近的地方开凿，全长 30 公里，沟通了江南的长江水系和珠江水系。开渠的军民表现出高度的智慧，他们巧妙地使渠道迂回行进，降低渠道坡度，以平缓水势，便于行船。渠道和堤坝的工程均充分利用了我国古代水利工程技术的最新成果，并有多方面的创造。有分湘江入漓水的铧嘴；有防洪设备——大、小天平以渲泄水量。因两水落差较大，渠中设斗门若干道，南北往来船只，便可逐斗上进或下降。因灵渠构思巧妙，故名灵渠。

灵渠修成后，粮食、给养通过水道源源不断地运来，保障了秦军作战的需用，为秦军取得统一南越的胜利创造了重要条件。到始皇三十三年末，秦军终于将包括西瓯及雒越在内的"百越"之地全部占领，建置南海、桂林、象郡三郡。

灵渠的建成，使长江水系同珠江水系连结起来，对中原地区同南方、西南的经济文化交流起了重要作用。直到明、清时代，灵渠还被称为"三楚两粤之咽喉"。内地的粮食和其他物质通过长江往南经洞庭湖，通过灵渠进入西江再由珠江运抵广州。由灵渠连结起来的两大水系，南北延伸约 2000 公里，在世界航运工程史上占有光辉的地位。

陶仓模型开始出现

在战国大量流行的灰陶，至秦代后期工艺日臻成熟，不过与战国灰陶多仿礼器不同，秦代的灰陶器型多为日常生活用具，如鼎、壶、罐、瓮、盘、豆等，均厚重高大，具有浓厚的地方特色，尤为值得一提的是，这个时候还出现了一种模仿谷仓的陶器。

现今咸阳博物馆所藏的一件秦始皇陵出土的灰陶谷仓就是当时典型的产

秦陶马

品。这种仿仓陶器整个外形呈圆矮状，由两部分构成：一为顶盖、二为仓身。顶盖形似斗笠，其面积大于仓围，上有成均匀辐射状的条纹斜向周边，表现了一种流动之美。在笠形顶盖下的仓身则显得稳静厚实，毫无受压抑之感。仓身中央有一小门，拉出小门则现出一个小仓口，仓口四周有框状修饰，仓门上有小小拉手；且仓门与仓身融合无间，并无突兀之感。总之，整个陶型谷仓动静相衬，外观浑然一体，充满生活情趣，颇逗人喜爱。这种陶仓模型自秦代首先出现以后，到汉以后便大量流行。它不仅体现了中国古代陶瓷技艺的高度发展，也从一个侧面反映了当时的人以"仓廪殷实"为理想的生活状况。

秦陶谷仓

汉初休养生息

庭院画像砖

汉高祖五年（前202）五月，刘邦采取了一系列旨在恢复经济的"休养生息"的政策和措施，以谋求解决政权建立之初濒临崩溃的经济情况。

秦朝末年，由于统治阶级大肆挥霍，社会经济已到了面临崩溃的地步，又经陈胜、吴广起义和历经数年的楚汉战争与诸侯混战的影响，汉朝初年，社会经济形势更加严峻。人口锐减，生产凋蔽，物资匮乏，物价飞涨，米价1石达万钱，马价1匹百万钱。"即使是皇帝也不能具备毛色纯一的四匹马驾车，而且将军、丞相中有的只能乘牛车，百姓缺食少衣，嗷嗷待哺"，此是汉初社会经济的真实写照。有鉴于此，刘邦乃采取了一系列的政策和措施，力求社会的稳定和经济的恢复与发展，如：下令解散大量军队，让士兵回乡务农；入关灭秦的关东人愿留关中的免徭役12年，回关东的免徭役6年；军中吏卒无爵或在大夫以下的，一律进爵为大夫；大夫以上的皆免除本人及全家徭赋；爵在士大夫以上的，首先给予田地和住宅，并给以若干户租税的封赏，称"食邑"，让在战乱中流亡山泽的百姓各自返回故乡，恢复原来的爵号和田地住宅；因饥饿而卖身为奴婢的一律免为庶人；商人不得穿丝、携带兵器、乘车骑马，不允许做官，并加倍征收其租税；减轻田租为十五税一；令萧何制定《九章律》以代替临时颁行的约法三章；命陆贾著书论说秦失天下的原因，形成汉初"黄老无为"的政治思想，对匈奴采取"和亲"政策，力求边境地区暂时的缓和与安宁等等。

刘邦采取的这一系列休养生息的政策和措施，取得了良好的社会效果和经济效益，为汉朝初年经济的恢复发展奠定了良好的基础。

汉代养老画像砖

嫁接技术发源

早在战国后期，我国古代劳动人民就已发明了果树和其他植物的无性杂交的嫁接技术，如柑桔嫁接技术等。这种技术可以改变生物特性，引起定向

西汉博弈老叟。这组木雕博弈俑，用简洁概括的体面刻划出人物的动态，并施黑、白、灰三色的彩绘纹饰，构成富有变化的素淡色调，加强了木雕的立体感。

西汉铜马。民间流行的一种玩具,从一个侧面反映了汉代生活方式的丰富多彩。

变异,培育新品种,突破自然季节的限制,随时移栽定植,是我国古代农业生产技术发展的重大成就之一。

　　到了西汉时期,在《氾胜之书》中非常详细地记载了嫁接的方法,如种瓜,当十株苗的蔓长到2尺多以后才嫁接,这时各株根部都已相当发展。嫁接后,只留最强的一蔓,它必然特别旺盛。再加上掐掉分枝,以免消耗养分,使养分集中3个果实,自然可以结出特别大的大瓠。

　　以后嫁接技术继续发展到不同植物之间的嫁接。北魏时由草木植物嫁接发展到木本,由靠接发展到劈接;由近缘嫁接发展到远缘嫁接;由纯粹为了结大果实发展到选择接穗和砧木;使植物提早结果实和改良品质。《齐民要术》中对梨树嫁接经验进行了很好的总结，认为只有选用适宜的砧木和接穗，才能提高嫁接的成活率，改进果实品质；并提出适时嫁接是提高成活率的重要环节之一，指出嫁接最好在"梨叶微动"时进行，这时树液开始流动，进行嫁接容易成活。而且还特别强调嫁接时一定要"木边旧木，皮还近皮"，即接穗和砧木时使木质部靠近木质部，韧皮部靠近韧皮部，使形成层密结合，提高成活率。可见当时的嫁接术已达很高的水平。这种成功的嫁接技术后来又推广应用到各种果树、植物、花卉中。

今天我国推广的各种优良品种，绝大部分仍是用我们祖先创造的常规育种方法和嫁接技术培育出来的。而欧洲的无性杂交嫁接技术直到 2000 年后才出现。

汉文帝休生养息

汉文帝即位后积极推行休生养息政策，使生产逐渐得到恢复和发展。

汉文帝二年（前178）正月，贾谊上疏论积贮，认为国库充实百姓便知礼节，衣食丰足百姓就知荣辱，当务之急就是劝民归农，发展生产，使天下各食其力，主张从事工商末业和游食之民都应转到农业生产上来。积贮是天下的大事，只要粮食充实而财富有余，就什么事都好办。并认为国库充实，百姓就可以安居乐业，社会也得以稳定。文帝认为说得很对，于是下诏天下以农业为天下之本。此外为鼓励农业生产，文帝还诏赐天下，减征田租，即为三十税一。另一方面，文帝积极废除苛令，元年（前179）十二月，下令废除收孥相坐律，即废除秦父母、妻子、同党连坐法，有利于缓和社会矛盾。第二年五月又下诏废除诽谤妖言之罪，认为由于国家法律有诽谤妖言之罪，因而使臣下不敢尽情而言，皇帝也就无法发现自己的过失，因此废除此法，以利下情上达。五年（前175）四月，文帝不顾大臣反对，下诏废除盗铸钱令，同意可由民间自行铸造。然而，由于新铸钱和已铸钱大小、轻重、质量不一，而同在市场上流通，不但造成交易不便，而且更增加了币制的混乱，因此，这一措施效果不明显。十三年（前167）五月，文帝又下诏废除肉刑法，进一步缓和了社会矛盾。文帝通过废除苛令和采取与民休息、轻徭薄赋的政策，不但缓和了社会矛盾，而且使生产得以恢复和发展，从而使汉朝渐渐出现了多年未有的富裕景象。

汉武帝兴修水利

元光六年（前 129），漕渠、龙首渠开凿，大大促进了水利运输和农业生产的发展。

前 129 年春，大司农郑当时奏请武帝在秦岭北麓开凿人工运河——漕渠，从长安引渭水向东贯通黄河。武帝乃命水工徐伯督办此事，数万民工艰苦奋战 3 年，终于开凿成功。漕渠不但能够灌溉沿渠两岸万余顷农田，保证当地衣食有余，还降低了该地运费成本，因为它大大缩短了从潼关到长安的水路运输的路程和时间。

龙首渠是汉武帝采纳严熊的建议，征发万余民工修凿而成的。龙首渠工程浩大，费时十余年始告结束。它从征（今陕西澄城）引洛水灌溉临晋（今陕西大荔）一带民田。该渠经过商颜山，因山土质疏松，渠岸易于崩塌，于是技术人员创造发明了井渠法，即"井下相通行水"，使龙首渠从地下穿过七里宽的商颜山。龙首渠灌溉重泉以东田万余顷，使产量大为增长，平均每亩约增 10 石。

漕渠是汉代一项重要的水利工程；龙首渠则是我国历史上第一条地下水渠。除大规模的穿渠引水外，西汉时还采取掘堰储水、凿井出水、筑堤节水等措施。

汉发明井渠施工法

井渠

元狩三年（前120），为解决陕西西北洛水下游东岸10000多顷咸卤地的灌溉水源问题，汉武帝征10000多人挖龙首渠。

龙首渠中间有商颜山，由于土松渠岸易坍塌，当时的施工采用了井渠施工法。具体建造方法是从接近水源的地方起挖一条暗渠，然后每隔一定距离穿一个通往地面的竖井，使井与渠相连。龙首渠长达10余里，最深处井为40余丈，历时10年竣工，是一项极为复杂的工程。

龙首渠开我国隧道竖井施工法的先河。由于龙首渠渠长10多里，如果只从两端对挖，施工面积小，洞内通风、照明条件也差；采用井渠施工法，既增加了开挖工作面，加速了施工进度，又改善了洞口通风与采光条件。另外，龙首渠的开凿是在中间隔山，两端不通视的情况下同时施工的，在这种情况下进行渠道定线与多工作面同时施工，同时又要保持渠线吻合，工程难度较大，因此，它的开挖成功，也可见当时测量技术有相当高的水平。

井渠施工法汉朝时在西域得到推广，随着丝绸之路的出现，这项技术又传到中亚。

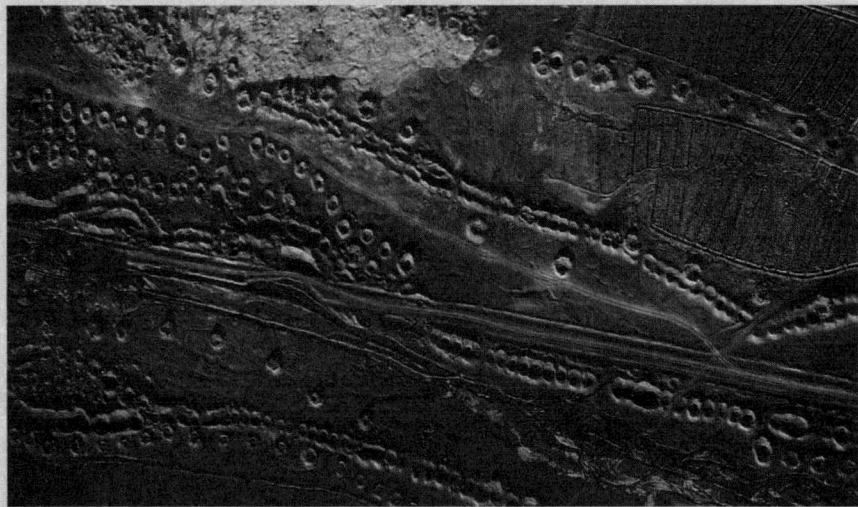

坎儿井。坎儿井始掘于西汉，是古代西域地区特殊的灌溉取水工程。图为从空中俯视的坎儿井。

中国发明犁壁

我国劳动人民早在春秋战国时代就发明了铁制犁铧，这种坚硬、锋利、耐用的简易铁犁铧从战国到西汉都广泛地使用。西汉时期，由于冶铁技术的发展，新型农具不断出现，人们又在全铁制的犁铧上装置了犁壁。犁壁的发明是耕犁发展史上的第一次重大突破。犁壁在犁铧的上方，具有深耕、翻土、碎土的良好作用，这是只能破土划沟的无壁犁做不到的。

1972年在甘肃武威磨咀子的汉墓里发现的一件西汉的木犁模型，就是由犁梢、犁床、犁辕、犁箭等部件构成，其最主要的特点就是增加了犁床，这样才能在上面安装犁壁。有犁壁不仅能深耕翻土，还能开沟作垄，并可以中耕培土和除草，耕速也比原始的犁大大提高，有利于抢时耕作，不误农时，更能适应精耕细作的需要。

有壁犁的发明，在中国犁的发展过程中，具有承前启后的深远影响。世界耕犁史的研究专家保莱·赖顿说："构成近代犁的具有特

铸釜图。《天工开物》铸釜图中的化铁炉。

征的部位，就是和犁铧结合在一起，呈曲面状的铁制犁壁。它是古代东亚发明的，18世纪才从远东传入欧洲。"中国古代犁壁的优点被欧洲吸收后，不仅在耕犁的改进上起关键作用，而且在促进农作制度的演变上也有极大的影响，这是中国犁对世界农业作出的重大贡献。

西汉铁铧。铁铧的制造和使用，是铁器冶铸业和农业生产力提高的重要标志。

《史记·河渠书》总结水利史

西汉时期史学家司马迁写成中国第一部水利通史《河渠书》，作为一个专篇列在《史记》中。它系统地介绍了我国古代水利及其对国计民生的影响，总结了从禹治水到汉元封二年（前109）的水利史。

《史记·河渠书》主要记录黄河瓠子堵口，各地区倡兴水利，开渠引灌等史实。全书分13段，共25事。其中防洪6事、航运3事、灌溉11事，航运兼灌溉5事，所叙河流有黄河、长江、淮河、济水、漳水、淄水等。这些记录揭示了水对农业生产和人民生活利与害两方面的影响，反映司马迁对水的两面性认识和对水利问题的重视。

《史记·河渠书》首次明确赋予水利一词以治河修渠等工程技术的专业性质，从而区别于先秦古籍中所谓利在水或取水利等泛指水产渔捕之利的一般范畴，确定"水利"概念，《河渠书》成为以后历代史书撰述水利专篇的典范，它的诞生，为水利史学科奠立了第一块基石。

赵过创代田法与耦犁

征和四年（前 89）六月，汉武帝任赵过为搜粟都尉。赵过是著名农学家，他创造了新的耕作技术代田法与耦犁。

所谓代田法，耕作时把每亩土地犁成三条深、宽各一尺的圳（同畎，田间小沟）。圳旁是垄，也是一尺宽。圳垄相间。一亩定制宽六尺，正好可容纳三垄三圳。犁田时挖出的土堆到垄上，谷物种子播在圳底，使它不受风吹，可以保墒；幼苗长在圳中，也能得到和保持水分，使生长健壮。在

赵过像

谷物生长过程中，每次锄草时逐渐将垄土同草一起锄入圳中，培于苗根。到了夏天，垄上土培光用完，圳垄相齐。这样就使谷物扎根深，易于吸收营养和水分，耐旱抗风，不易倒伏。为了恢复地力，同一地块的圳垄位置隔年替换，所以称作"代田法"。

赵过在推广代田法的过程中，命令属下开辟空地作试验田，用代田法耕种农作物，试验结果是用代田法耕种的土地比用常法耕种的土地每亩增产一至两石。后来代田法从关中平原推广到河东、弘农、西北边郡乃至居延之地，都收到了良好的增产效果。

当时耦耕用 2 牛 3 人耕作：一人牵 2 牛，一人掌犁辕，一人扶犁。赵过

又发明了耦犁，犁铧较大，增加犁壁，可调节深浅，深耕和翻土、培垄一次进行，可耕出代田法要求的深一尺、宽一尺的犁沟。2牛3人每个耕作季节可翻耕5顷地。

代田法和耦犁的发明推广，大大促进了汉代农业生产的发展。据载，每亩可增产一斛到三斛。

汉发明畜力播种机耧车

西汉武帝时，搜粟都尉赵过创造了一种畜力播种机——耧车。

耧车也叫耧犁。由耧架、耧斗、耧腿等几部分组成。耧架为木制，供人扶牛牵；耧斗是放种的木箱，分大小两格，大格放大种，小格相当于播种调节门，是一个带闸板的出口，可控制下种速度，以均匀地播撒种子；耧腿是一只只开浅沟的铁铲。耧车的这些结构与现代播种机的机架、种子箱、开沟器等部分形状相似，功能相同。

耧车因播种幅宽、行数的不同而有一腿耧、二腿耧、三腿耧……之分。其中三腿耧能一次完成开沟、播种、覆土、镇压等多项作业，初步完成联合作业，提高了播种质量与效率，是当时较高水平的播种工具。

耧车是世界上最早出现的播种机，我国古代的耧车是现代播种机的始祖。赵过发明的耧车已有2000多年的历史，而西方国家发明的条播机的历史不过一两百年。

耧车复原（横型）

汉代玻璃工艺承前启后

　　春秋战国时期的玻璃制品，说明了我国自制玻璃已进入成熟阶段。秦始皇统一中国，汉武帝开辟通往西域之路，为中外贸易提供了有利条件，也为

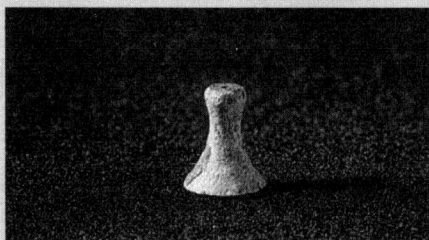

玻璃耳当

玻璃带钩

玻璃盘

玻璃耳杯

玻璃耳当

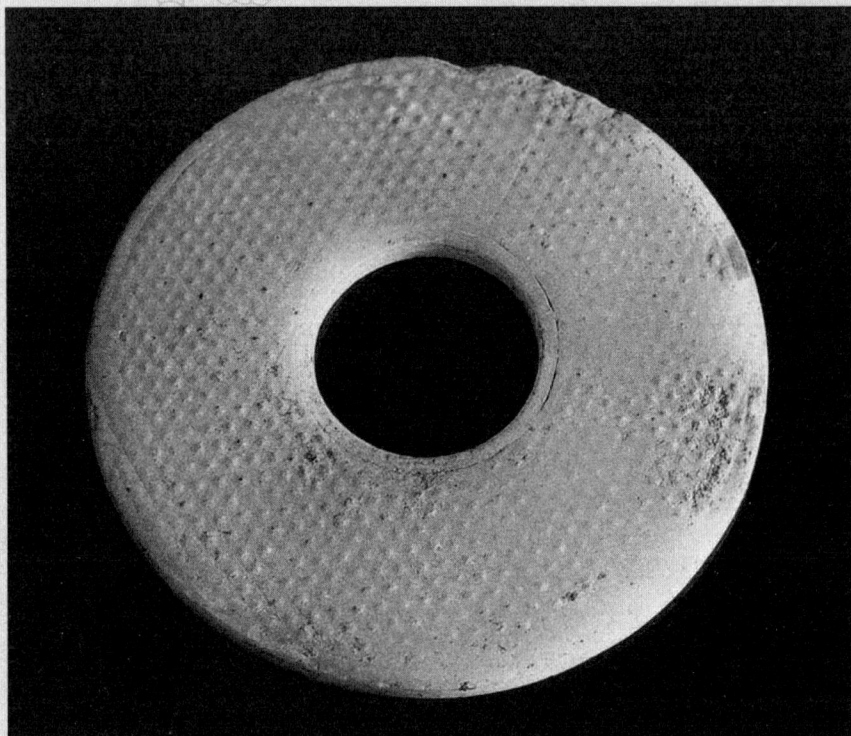

中外玻璃制造技术的交流提供了更大的前景。

考古发掘表明，这时西方的罗马与波斯等国家的玻璃器已大量输入我国。四十年来，我国出土的两汉玻璃器计有碗、带钩、璧、耳当、珠等6500余件，有青、蓝、绿、红、紫、黄、黑、白等多种颜色。陕西茂陵出土的浅绿色玻璃璧，经光谱分析知其为铅玻璃，应是汉代皇家作坊即东园或尚方所属作坊的制品。河北满城刘胜墓出土的玻璃器中最为著名的是玻璃盘和玻璃耳杯，均以范铸成形，属于铅钡玻璃。广东广州南越王墓出土的板状透明玻璃，尤其引人注意。经检验结果表明，广州玻璃与北方的铅钡玻璃不同，属于钾硅玻璃。据万震《南州异物志》记载，南海一带以南海之滨的自然灰为助溶剂，烧造苏打玻璃。

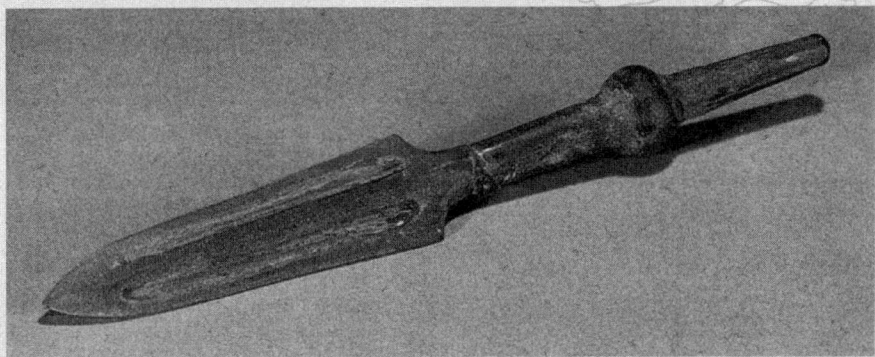

玻璃矛

玻璃耳当。呈深蓝色，
半透明。器作圆柱状，
上端稍小，下端略大，
中部束腰，中有穿孔，
可用以悬挂。此类玻璃
耳当，流行于东汉时期，
在我国分布区域较广，
在河北、辽宁、内蒙古、
陕西、甘肃、河南、湖
北、湖南、四川、贵州
等省区均有发现。

书中还记述了烧造玻璃的有关配方和技术等问题。葛洪在《抱朴子》中还记述了外国水晶碗的配方和交广地区仿铸外国玻璃的情况。由此看来，广州出土的钾硅玻璃可能是受南海玻璃的影响烧造的。

甘肃酒泉汉墓出的蓝紫色玻璃耳当，透明，呈喇叭形，中心钻孔。经检验内含铅 21.62%、钡 10.5%、钠 9.3%、钙 3.16%，含硅量高达 50% 以上。这件出现在丝绸之路上的含钠的铅钠钡玻璃，想必是以我国中原地区固有的玻璃配方为基础，再参照西方钠玻璃的制作经验制成的。

从上述出土汉代玻璃的不同化学成分可知，我国汉代玻璃的生产主要分为三个地区。一是中原广大地区，主要沿袭周代，生产铅钠玻璃；二是河西走廊地区，生产以铅钠玻璃的传统配方兼用钠钙为溶剂的玻璃；三是以广州为中心的岭南地区，生产钾硅玻璃。

郑吉还屯渠犁

元康二年（前64）五月，匈奴攻击汉朝在车师的屯田吏卒。郑吉率领在渠犁（今新疆轮台东）的屯田士卒7000余人前往援救，被匈奴包围，退守在车师城中。郑吉派几名精兵杀出重围，迅速奏报朝廷，请求皇帝增派援兵。宣帝召集大臣商议。将军赵充国主张发大军进攻匈奴右地，逼使匈奴主力回救，以解车师之围。丞相魏相认为，现在国内年成不好，官吏不称其职，灾难不在国外而在国内。宣帝听从魏相意见，暂不与匈奴作战，只派常惠率领张掖和酒泉的骑兵前往车师，保护郑吉所部和在车师的汉人转移到渠犁去，立前车师王的太子为国王，进行固守，车师国故地暂予放弃。

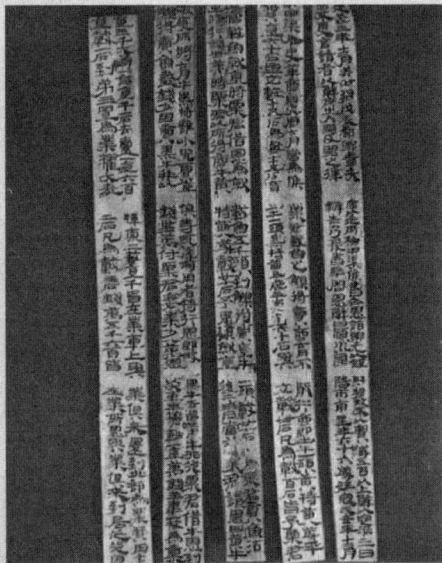

居延汉简。汉武帝派驻军在西域屯田，为典型的军屯。图为内蒙古额济纳旗出土的居延汉简，是汉代屯田戍边的档案。

贾让提出治河三策

　　贾让是中国西汉筹划治河的代表人物，生卒年不详。因提出治理黄河的上、中、下三策而著名。当时黄河频繁决口，灾患严重。朝廷征集治河方案，汉绥和二年（前7），贾让应诏上书。内容包括：上策主张不与水争地。针对

黄河金堤。春秋秦汉时期开始修筑，后经历代兴修加固，终成金堤。

当时黄河已成悬河的形势，提出人工改道、避高趋下的方案。他认为，实行这一方案，虽要付出重大代价，但是可以使"河定民安，千载无患"。中策是开渠引水，达到分洪、灌溉和发展航运等目的。他认为这一方案不能一劳永逸，但可兴利除害，能维持数百年。下策是保守旧堤，年年修补，劳费无穷。贾让治河三策具有以下特点：①第一次全面地对治理黄河进行了方案论证，较完整地概括了西汉治黄的基本主张和措施。②首次明确提出在黄河下游设置滞洪区的思想。③论证方案时首次提出经济补偿的概念，主张筹划治河工费用于安置因改道所需的移民。④提出综合利用黄河水利资源，具体论证开渠分水有三利（低地放淤肥田，改旱地为稻田，通漕运），不开则有三害（民常忙于救灾，土地盐碱沼泽化，决溢为害）。⑤分析了黄河堤防的形成、发展过程及其弊端。由于上述特点，他的治理黄河三策对后世治河产生了重要影响，是古代治河思想方面的重要遗产之一。

杜诗发明水排兴利南阳

东汉光武帝刘秀在位期间，注意"选用良吏"。建武七年（31），杜诗出任南阳太守。他提倡节俭，兴利除害，为政清平。

当时，驻守南阳的将军萧广放纵士兵，士兵在民间横行霸道，当地百姓深受其害。杜诗多次警告而无效，于是，他采取果断措施，杀掉萧广。这件事深得刘秀的赏识。

杜诗在做南阳太守期间，注意节省民力。为了提高冶金技术，他发明了水排（一种水力鼓风机）。水排应用水力击动机械轮轴打动鼓风囊，使皮囊不断伸缩，给冶金高炉加氧。这种装置，用力少，见功多，是我国冶金史上

水排模型。

的一大改革。三国时期的韩暨曾对其加以改进推广，效率三倍于前。

　　杜诗发明水排，一改中国冶炼鼓风装置靠人力和畜力为动力的历史，不仅大大提高了劳动效率，而且比欧洲早了 1100 年，在中国古代冶炼工艺发展史上具有里程碑的意义。

　　杜诗同时也重视农业生产，修治陂池，广拓土田，使郡内民户殷实富足。当时人们就将杜诗与西汉南阳太守召信君相提并论，民间盛传："前有召父，后有杜母。"

几种水力机械出现

　　汉代水力已被用于粮食加工、冶铸鼓风、天文观测等部门，出现了水碓、水排、浑天仪等水力机械。它们利用水力提供的动力方便了人们的生活、生产和科研活动，并对后世机械技术的发展产生了深远的影响。

　　水碓约发明于西汉。桓谭在《桓子新论》中叙述了粮食加工机械由杵臼到践碓，到畜力碓、水碓的整个发展过程。杵臼靠人臂力做功；践碓利用杠杆原理，借助碓的部分重力做功；畜力碓、水力碓则把人解放出来，通过轮轴的转动连续地做功，无疑是一大进步，特别是水力来自自然资源，运用更是便利。水碓发明后，在雍州等地得到了广泛的使用，达到"因渠以溉，水舂河漕（水舂即水碓），用功省少而军粮饶足"的效果。

翻车。翻车又称龙骨车，用于提水灌溉，产生于东汉时期。三国时期，机械制造家马钧改进后，效率更高，得到广泛应用。

东汉初年，南阳太守杜诗发明的水排，是用水力推动的排橐，是串联或并联在一起的一排鼓风用皮囊，是新型的水力鼓风冶铸用的机械。水排，省力高效，方便百姓，是中国古代利用水力资源的又一突出成就。在欧洲直到12世纪才有水力鼓风技术发明。

浑天仪是东汉科学家张衡创制的天文仪器。铸铜成球，上刻二十八宿、中外星官和黄道、赤道、南极、北极、二十四节气、恒显圈、恒隐圈等，用一套水力推动的齿轮传动机械把它和漏壶结合起来。用漏壶流水控制浑象，使它和天球同步转动，以显示星空的周日视运动，这是一种水力推动的天体模型，是我国古代水力推动天文仪器的最早记载，表明汉代对于水力资源的认识和开发已上了个新台阶。

《养鱼经》出现

东汉镶嵌神兽纹牛灯，照明用具于广陵王刘荆墓出土。灯体作张口低首、起步欲斗的黄牛、前负灯盏。灯盏外周有两扇瓦形门扉，门扉饰菱形镂空，上为穹窿形罩，并有弯管连通牛首，借以将烟臭废气导入牛腹内。通体饰有错银勾六神兽纹，纹饰有流动感，造型别致。

东汉初年（1世纪中叶），我国最早的养鱼著作《养鱼经》出现。《世说新语·任诞篇》注文所引《襄阳记》中有汉光武帝时"侍中习郁在岘山南，按照《范蠡养鱼记》建造鱼池"的记载。所以，此书相传为春秋时越国范蠡所著。范蠡晚年居陶，称朱公，后人常称他为陶朱公，故此书又名《陶朱公养鱼经》、《陶朱公养鱼法》、《陶朱公养鱼方》等。

《养鱼经》在梁代尚存，后佚。现存4000余字的传世本主要引自《齐民要术·卷六》，以问对形式记载了鱼池构造、雌雄鱼交配比例、适宜放养的时间以及密养、轮捕、留种增殖等养鲤方法。陕西汉中东汉墓出土的陂池模型（池底塑有六尾鲤鱼及其他水生生物）显示的养鱼方法，与本书所述方法一致，表明本书在东汉时已用于指导养鱼生产。

　　《养鱼经》里记载的养鱼法，与后世方法多有类似，是中国养鱼史上值得重视的珍贵文献。

长安使用洒水车

　　我国古代大多建都北方，北方城市受风沙侵袭严重，在这种背景下便产生了洒水车。据《后汉书·张让传》载，公元186年，汉灵帝命令当时的掖庭令毕岚，设计制造了一种叫作"翻车渴乌"的洒水车。据李贤注，"翻车：设计车以引水"，"渴乌：为曲筒以气引水上也"。可见这种洒水车由两个部分组成，一个部分是贮盛河水的厍水车（翻车）；一个部分是吸取河水的

拜谒画像

抽水机（渴乌），两部分合起来成为"洒水车"。这项发明制成后，在长安街南北大道洒扫清洁路面，减轻了人民洒扫的劳累，对于净化环境、改善长安卫生状况有相当的意义。我国早在公元2世纪就已创制使用的这项先进的装置"翻车渴乌"，是世界上最早的洒水车。

东汉"长安市长"印。秦、汉时期，专设市长管理大城邑商业区。

田庄经济开始发展

公元前 156 年——公元前 87 年的西汉武帝时期，最初的田庄经济这种新型的农业组织形式开始出现，它是剧烈的土地兼并和集中的产物。

据《汉书·灌夫传》记载，灌夫"家累数千万，食客日数十百人，波池田园，宗族宾客，为权利横颍川"，同书《田蚡传》说田蚡"治宅甲诸第，田园极膏腴"。可见当时的田庄已经具有相当的规模。西汉末年，田庄经济已经成熟，樊重

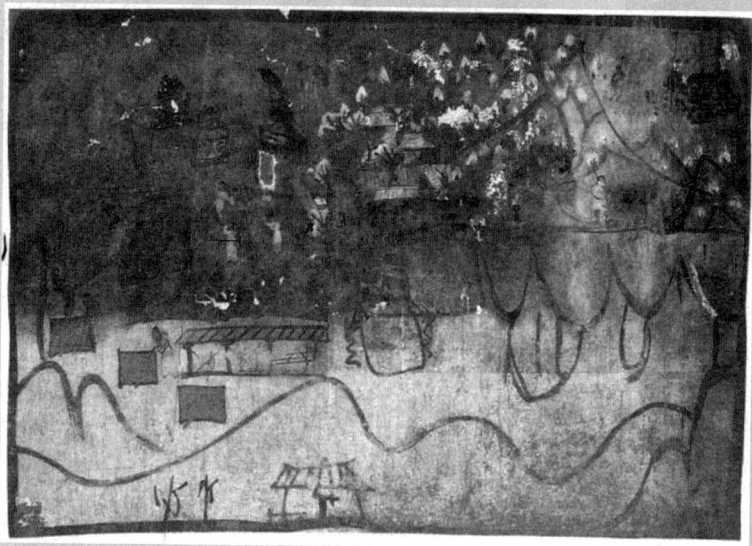

庄园农作。东汉时期农业生产的发达，主要表现在牛耕和铁制农具的普遍使用。牛井技术从中原推广到长江、珠江流域以至边疆地区。图为东汉墓的壁画摹本，描述当时庄园农作情形。

经营的农庄最具典型意义。《水经注·比水注》说他"能治田，殖至三百顷，广起庐舍，高楼连阁，波陂灌注，竹木成林，六畜放牧，鱼羸梨果，檀棘桑麻，闭门成市，兵弩器械，资至百万，其兴工造作，为无穷之功，巧不可言，富拟封君"。樊重的田庄已是一个农、林、牧、副、渔综合经营的自给自足的经济单元。

东汉时期，统治者对于支持他们夺取并建立政权的豪强地主一直采取优厚和宽容政策，因而为田庄经济的长足发展提供了更为优越的环境。这时的田庄都是综合经营的经济组织。如《四民月令》描述的理想化的田庄，种植的粮食作物，经济作物以及蔬菜达数十种，养有马、牛、猪、羊和鱼，还有多种多样的制造、酿造、纺织以及制药等手工业，甚至还设有小学、大学等教育机构。这时的田庄大都设有私人武装以看家护院。到东汉末年，田庄的这种军事性质被大为加强。由于社会动荡不安，田庄普遍向着武装化、堡垒化的方向发展，被称为坞壁、营堑，成为极为重要的军事力量。

从《四民月令》中可以看出，田庄中的生产及其他活动的安排都井然有序，劳动根据节令进行，作物根据土质种植。田庄组织在制造和推广新式农具，增加农业投入，兴修水利工程以提高抗御自然灾害的能力方面也表现出极大的优势。比如，拥有 300 顷土地的樊重田庄里有一个 50 平方里的陂塘，可以很好地灌溉土地。近年在四川眉山和成都等地的东汉墓葬中发现的许多陶制的水田模型多是水田与池塘相连，构成灌溉系统，说明东汉田庄的水利事业已经相当发达。

曹操屯田

建安元年（196），曹操采纳枣祗、韩浩的建议，于群雄内第一个推行屯田制，在许下大规模屯田。

曹操在参与镇压起义军的过程中，俘虏了大批黄巾军民并拥有大量土地和耕牛，具备大规模屯田所需的条件。许下屯田的当年，得谷百万斛，获得巨大成功，于是曹操下令在各州郡置田官，随处屯田积谷，屯田制迅速推广到中原各地，每年收获谷物千万斛，解决了军粮问题。

民屯是曹操屯田的主要形式，由设在中央的大司农及地方上的典农校尉、典农都尉等官员进行分级管理，最基本的单位是"屯"，每屯50人，设有屯司马管理屯田事宜。屯田民是国家佃客，以四六分（用官牛的，官得六分）或对分（不用官牛的）向国家缴纳实物地租，但不负担另外的徭役。

为了保证统一战争的需要，曹操还创办了军屯，在边境和军事要地，以军士耕种，由中央派

执锄陶俑，是一农民形象的真实写照。

司农校尉专掌诸军屯田，其下按军队原有的军事编制系统进行管理，最基层的单位是"屯营"，每营 60 人。军屯的无偿劳役制，所得谷物就地充当军粮。军屯兵士束缚较严且屯兵身份世代相传，成为军户，如果兵士逃亡将罪及妻子。

曹操实行的屯田制，虽然是强制劳动，剥削率也高，但屯田积谷使北方的农业经济得以恢复，结束了东汉以来农民与土地分离的情况，农民又以国家隶属农民的身份和土地重新结合。曹操屯田，加强了他的政治经济力量，为其在三国逐鹿中争取了优势，并为其统一北方霸业奠定了坚实的经济基础。

受曹操屯田的影响，后来的孙吴、晋也进行过屯田。西晋时，北方的屯田只保留军屯方式，南方的屯田则一直延续到东晋南朝，但规模都不大。

魏在两淮屯田

　　魏正始二年（241）闰六月，魏尚书郎邓艾提出的在淮南、淮北大兴军屯的建议得以实施，并取得显著效果。

　　为解决对吴作战的军粮问题，魏国令邓艾对与吴接境的淮南、淮北一带进行考察，邓艾将其考察结果写成《济河论》一文。他认为应该广开渠道，

魏晋砖画出行图。此图的线描用毛笔中锋画成，凝练概括；马的项鬃、腿和尾等处都以一笔画成。构图有繁散开合的变化，且以队列中随从处的密集，显示了出行人员的众多。该图突出地反映了嘉峪关魏晋墓室绘画的艺术水平，是魏晋绘画的杰作。

增灌溉，通漕运，以尽当地地利，并且要限制许昌（今河南许昌市东）附近的农田用水，集中到这一带来。邓艾建议派2万人屯田淮北，3万人屯田淮南，轮取1万人戍守，4万人屯田，这样一年除了开支，还可积谷500万斛。太傅司马懿对此计划极为赞赏，很快得以实行。

当年，魏自钟离（今安徽凤阳县）以南，横石以西，到沘水（今河南南阳）400余里中，每5里置1营，每营60人，边屯田边戍守。另外，开凿、拓宽淮阳、百尺两大漕渠，上引河水，下通淮颍，又在颍水南北修塘挖渠，灌田约2万顷。淮南淮北连为一片，从淮南寿春（今安徽寿县）到淮北陈蔡以至京师（今河南洛阳），400余里屯田线上农官兵田相连，阡陌相属，仓廪林立。10余年后两淮屯田官兵发展到约10余万人。

魏在淮南、淮北大规模推行军屯，对于经略东吴，巩固东南边境，以及发展当地经济，都发挥了很大作用。

魏废民屯

魏咸熙元年（264），魏国废除民屯制度。民屯制度是曹操在汉建安元年（196），为鼓励农业生产在曹魏统治区广泛推行的一种屯粮制度。民屯制度对当时中原农业生产起到了巨大的促进作用。但是到曹魏后期，随着屯田租率越来越高，屯田民不堪负担，民屯制度逐渐严重地阻碍了农业生产。另外，由于屯田民受到严格军事化管理，身份很是低微，朝廷甚至把他们赏给官僚贵族，这样，土地逐渐被贵族、官僚私占，从而严重地破坏了屯田制度的实施。加之经济效益日趋低下，国家从中无利可图。为此，司马昭以魏元帝曹奂名义正式下命废止民屯。废止民屯后，一方面提高农民的地位，激发他们种田的积极性；另一方面鼓励原蜀国人迁居到中原，增加种田人数。

魏晋砖画牧马图

司马炎诏令以官奴婢代兵屯田

咸宁元年（275）十二月，在兵屯每况愈下的情况下，晋武帝诏令以官奴婢代田兵种稻。晋泰始年间，大部分民屯都已经取消，但一直实行下来的兵屯却仍然保持下来。实行兵屯，一方面可以减轻国家对军队的负担，同时也可让军队在和平时期不丧失应有的活力和朝气。西晋政府规定屯田兵用官牛者，收获物按8：2分成，政府占八，士兵占二；用私人牛者，收获物按7：3分成，即政府占七，士兵占三，这样的比例与曹魏兵屯六四分或对半分相比，政府的剥削量增加了许多，屯田兵面对这样的境况，生产积极性肯定受到严重的挫伤。

为了获得更多的利益，晋武帝司马炎下诏："以邺奚官奴婢著新城，代田兵种稻，奴婢各50人为一屯，屯置司马，使皆

西晋庄园生活壁画

如屯田法。"这种在兵屯每况愈下的情况下将官奴婢组织起来代兵屯田的做法实际上是将兵屯改变为民屯，虽然说这样做仍然是实行屯田法，但用官奴婢代田兵种稻，身份有所改变，对稳定军心、对农业生产的积极性的提高是有很大帮助的。

水磨大量使用

在中国古代，人们利用水能（动能或势能）为动力制造提水机具或加工机具的历史比较久远。如先秦对翻车（即今龙骨水车的前身）已有文字记载。到魏晋时，水力机具的创制和使用就更为普遍，提水机具有水转翻车、水转

杜预制水磨模型

筒车等，加工机具有水碓、水排、水磨、水转纺车等。其中，杜预对于水磨的改进影响较大。

在杜预之前，如西汉时期，作为粮食加工机械的水磨已经得到运用，但都是一轮一磨，水能利用率不高，工效也不大。杜预于是对其进行了改进。他将原动轮改成一具大型卧式水轮，在水轮的长轴上安装三个齿轮，各联动3台石磨，共9台水磨，称水转连磨。水转连磨的制成，大大提高了水能的利用。根据同样的原理，杜预还创制了"连机碓"，即用一个水轮带动几个或十几个碓，成倍提高了这种摧击式加工机械的效力。

水转连磨（包括连机碓）创制后，便迅速得到了推广使用，和此前已有的单磨一起，给当时人们的生活带来很大的便利。关于这种情况，魏晋史书多有记载。如石崇有"水碓三十余区"，王戎"广收八方园田水碓"。王隐《晋书》记载刘颂为河内太守时，"有公主水碓三十余区，所在遏塞"，刘颂因而上表请封闭不用。

《全晋文》卷65稽含《八磨赋序》说："外兄刘景宣作为磨，奇巧特异，策一牛之任，转八磨之重。"杜预的水转连磨还对北魏产生了影响。如北魏雍州刺史崔亮"续《杜预传》，见为八磨，嘉其有济时用，遂教民为碾"（《魏书》卷66《崔亮传》）。再如北魏洛阳的景明寺，"碾硙舂簸，皆用水功"（《洛阳枷蓝记》卷3）。可见当时水力转动的碾磨，在北魏也逐渐普及开来。

水磨、水碓的大量使用，既反映了古代人民对水力的科学利用，也反映了中国古代粮食加工业的发展。

东晋实行土断政策

东晋咸康七年（341）四月，晋成帝下令实行土断。

西晋末年，中原战乱，司马睿在江南建立东晋政权，北方王公士庶纷纷南下侨寓江左。其侨置郡县境界无定，并享有优惠的租税徭役政策，北来侨民渐获安定，生产亦得到发展。但侨人居处分散，版籍混乱，难以管理，且士族广占田园，严重影响了晋廷财政收入。为此，晋成帝下诏实行"土断"之制，命令废除侨置郡县，王公以下至平民百姓均以土著为断，将其户口编入所在郡县，注入白籍，以示与土著黄籍区别，加强了对侨人的户籍控制。实际上，东晋于咸和年间已实行"土断"之策，但其详情史籍失载。咸康年间的"土断"是第二次"土断"。

实行"土断"设立"白籍"之后，官府根据户籍收赋税，征兵役，致使侨人负担加重，破产者甚多。为逃避赋役，有的侨人隐匿不报户籍，有的则向世家大族寻求庇护。鉴于此，桓温在兴宁二年（364）三月一日下令，搜查世族庇护的侨人。史称"庚戌土断"，也就是东晋第三次"土断"。此次土断主要指向世家大族。此后史称"财阜国丰"，显示了"庚戌土断"的卓越成效。

江南大地主庄园经济形成

三国两晋南北朝时期，江南大地主庄园经济逐步形成，并在社会生活中占据了越来越重要的地位。

大地主庄园经济是同这一时期士族政治紧密相联的。三国时期，孙吴政权依靠拉拢江南大世族，这些大世族是孙吴政权的拥戴和协助者，并逐渐成为孙吴政权的支柱。江东大世族本来就有大量的田地，并拥众多的部曲（私兵、家兵），而且在协助孙吴割据过程中又增加了部曲的数量。皖锑世族渡江时亦带大批财产和部曲佃客，拥有雄厚实力。孙吴政权曾大规模屯田开荒，在政权巩固后又对大量土地和土地上的农民赏赐给世族功臣，江南大地主庄园经济开始初步形成。

西晋永嘉之乱后，晋元帝南逃，这时江南虽已经孙吴政权大力开发，但仍有许多无主的荒地，加上南下人民急需土地生产生活，所以当东晋王朝在江南站稳了脚跟后，随之南下的豪强世族就开始抢占田园，聚集人口，建立起许多跨越州郡、方圆数十甚至数百里的大地主庄园，这些南下的豪强地主与原有的江东、皖北世族一起建立大地主庄园，这些庄园无论是经济力量、军事力量、政治力量，都异常强大，可以与国家比肩，成为东晋及以后南朝各政权的支柱。

江南的大地主庄园具有半奴隶制性质，除与北方坞壁庄园一样拥有大量部曲、佃客外，还有许多称作门生故吏的人。门生故吏本是东汉以来方面大吏的幕僚，随时代的变化，地位逐渐下降，演变为接近部曲和佃客阶层。除此之外，江南大地主庄园内还有大量的奴隶。在庄园内门生故吏地位在所有依附者当中地位最高，其次是部曲、佃客、奴隶婢仆。这些依附者均是大地主庄园内的劳动者、生产者，不同的是前两种还要服兵役，是庄园的武装保护者。

在大地主庄园内，门生故吏、部曲、佃客、奴隶婢仆都从事生产劳动，在庄园的田地里种植庄稼，菜园里种植各种蔬菜，果园里种植各种水果，林场则提供所需的木材和药材，各种牲畜及鱼虾，庄园里还有女客织各季衣物，另有炭窑、陶窑、砖瓦窑等各种窑场。江南大地主庄园里所用生活必需品应有尽有，而且自给自足，是最典型的封建性质的自然经济。

随北方豪强世族的南下，北方先进的农业技术推广到南方，为全国经济重心南移奠定了基础，也为稳定封建王朝的法律秩序和经济秩序起了重要的作用。随着江南大地主庄园经济的发展，与国家利益间的矛盾、冲突日益加大，随后国家则有一次次的土断、户籍检括等手段制庄园的进一步扩大，使庄园与国家、依附者与庄园主之间的矛盾趋于平衡。

北魏推行中国历史上第一次均田制

北魏太和九年（485）十月，北魏行均田制。

北魏王朝建立以前，北方地区经历了长达130余年的战乱，大量的肥田沃土成为无主荒地，因此每一新的王朝手中总握有大量的国有土地，使均田令的出台有了物质基础。

北魏王朝建立后，国有土地的经营除军屯外，还以部落为单位并从新占

北魏屏风漆画列女古贤图（局部）

北魏屏风漆画列女古贤图（局部）

地上迁劳力到京城附近开荒，使用计口授田的方法，发展农业生产，增加国家粮食收入。这就是均田令出台的实践基础。北魏王朝建立后，政权较稳定，有些荒地的原主人与新主人关于土地所有权的争执，及其他类似问题出现，就更推动了均田令出台。为了限制豪强地主对土地的兼并，恢复小农经济，增加封建国家的财政收入，入主中原的鲜卑族将平均分配耕地的农村公社残余和地主土地所有制结合起来，由李世安首倡，于485年由孝文帝下诏推行均田制。

均田制的原则是计丁授田。具体内容是：一、政府授给均田农民露田。15岁以上的男子授露田40亩，妇人（有夫之妇）20亩，有奴婢及耕牛者另给土地，即奴婢与普通农民一样，人数不限，每头耕牛30亩，以4牛为限。授田时按休耕周期加授一至两倍的倍田。露田只栽种五谷，不栽种树木，授田后不许买卖，年满70岁或身死后归还官府。二、初授田的男子另给

桑田 20 亩作为世业，终身不还，在 3 年内栽种桑树 50 株，枣树 5 株，榆树 3 株，不宜种桑之地，每名男子给一亩种榆树或枣树。在非桑宜麻之地给予麻田，男子 10 亩，妇人 5 亩，奴婢与普通农民一样授田，麻田按露田法还授。三、新定居的农民给予园宅田，每 3 口 1 亩，奴婢每 5 口 1 亩。四、地方官吏按品级授给公田，刺史 15 顷，下至县令郡丞 6 顷，不许买卖。五、全家老小残疾者没有授田资格，年满 11 岁以上和残疾男子各按半夫授田，年逾 70 者不还受田，守志的寡妇虽无须课田仍授给妇田。六、每年正月举行授田和还田，如刚受田就死亡或者买卖奴婢和耕牛者，到第二年正月进行还授。对于地广人稀之地，政府鼓励农民开垦耕种，到后来有住户时才依法授田。

　　均田制是北魏政权在奴隶制残余形态特别严重的特定历史条件下实行的一种土地分配制度，是封建土地所有制的一种补充形式。它肯定了鲜卑贵族和中原地区汉族世家大地主占有大量桑田的合法性，并把均田农民束缚在土地上，使游离的劳动力重新和土地结合起来，扩大自耕农的数量和政府的纳税面，推动了农业生产的发展和北魏政权封建化的进程。

李崇抗水

　　北魏名将李崇为人深沉宽厚，很有谋略，颇得人心。他在寿阳为官期间，手下常养数千壮士，有敌人来侵犯，无不击溃。南朝的梁武帝多次施离间计，又授他车骑大将军、开府仪同三司、万户郡公；并将他的儿子们也都封为县侯。但魏主始终信任李崇，对他重用有加。

江汉大堤。汉水襄阳大堤始建于汉代，曹魏时曾因堤决，重加修筑。东晋陈遵在江陵筑堤。梁代天监元年(502)，郢州(今武昌)也有筑江堤的记载。长江流域大堤经历代修筑，逐渐成为今天江汉平原的保障。

北魏延昌二年（513）五月，寿阳地区长时间内一直下雨，大水涌进城里。当时扬州刺史是李崇，他带领军队驻扎在城墙上，日夜巡察、救险。城外水位最高时只差二版就要漫过城墙，烟柳繁华之地眼看着就要成为一片水乡泽国了。李崇的属下们看形势危急，都劝他赶紧弃城出逃，登上附近的八公山躲避。但李崇认为，整个淮南的安危都系在自己一个人身上，一旦离开，百姓必然瓦解离散，那么千里扬州就将不属于魏国了。当时治中裴绚见水势不妙，率领城南的数千居民乘船往南方高原上躲避。裴绚以为李崇肯定和他一样已经北撤，于是就自称为豫州刺史，向梁国请求投降。裴绚叛国的消息传到李崇耳里，李崇马上派堂弟李神率水军去攻击，打败裴绚，毁其营地。裴绚逃脱，却又落入村民之手，自杀而死。

梁筑浮山堰以灌魏寿阳城

梁修浮山堰始于梁天监十三年（514）十月。事情起于天监六年（507），
当时魏国大将王足投降梁国，说北方有这样的童谣："荆山为上格，浮山为下格，
潼沱为激沟，并灌钜野泽。"他据此向梁武帝献策筑浮山堰来灌北魏的寿阳城。
梁武帝对此深信不疑，马上派水工陈承伯、材官将军祖暅前往实地勘察。陈、
祖二人归后认为淮水沙土飘轻不坚实，无法筑堰。武帝萧衍不听，经过准备，
于天监十三年（514）秋发动徐、扬民众及士兵20万人开始筑堰（在今安徽
嘉山北，北临淮河）。堰坝南起浮山，北抵峄台（浮山对岸），两边同时筑，
想于中流合龙。

次年（515）四月，浮山堰眼看就要合龙筑成，可是淮水一到窄处，水
势迅疾，堰坝一合马上就冲溃了。有人便说淮水中蛟龙很多，能乘风雨破
堰，但龙性畏铁。于是萧衍命冶铁器数千万斤，都沉于合龙处，仍随沙流动；
于是又命伐木做成井字形，填以巨石，加土上去，始筑成堰堤。沿淮河数
十里木石无论大小都搜罗净尽，夏日热疾流行，民工死亡不计其数，尸体
枕藉，蝇虫之声昼夜不止，冬天气候酷寒，士卒又冷馁死十分之七八，惨
不忍睹。耗费了大量人力、物力之后，天监十五年（516）四月，浮山堰
全面竣工，堰长9里，下宽140丈，上宽45丈，高20丈，深19丈5尺，
堰旁植杨种柳，堰上盘扎军营，十分壮观。这时有人告诉掌堰的康绚，淮
水不可久蓄，应开泄口放水东流，方可保堰不坏。康绚采纳意见开口泄水，
却又派人入魏国施反间计，说梁国人很怕堰开口泄水，不怕野战。魏将萧
宝寅信以为真，急开山深五丈，导水北流。自此淮水日夜分流不止，水漫
淮河两岸达数百里。魏军只得回撤，又筑魏昌城于八公山东南，以防寿阳

城被冲坏，居民可迁居高冈之上。淮水静静流淌，清澈异常，淹没处房屋坟墓都了然可见。

梁初修浮山堰时，因堰起于徐州境内，刺史张豹认为自己必掌管其事。谁知到头却任命康绚来监管，让张豹之子受其指挥。张豹之子非常忌恨，于是诬告康绚私通魏国，武帝虽不信，也还是召还康绚。张豹之子掌管堤堰，却不再维修，任其削耗。这年九月，秋雨霏霏，十三日淮水暴涨，冲决堤堰，声震如雷霆，三百里内皆可听见，沿淮河的城镇村落十余万人口，都被滔滔大水席卷漂流入海，惨状难描。

郦道元撰成《水经注》

孝昌三年（527）十月，《水经注》的作者郦道元被肖宝寅杀死，终年61岁。

《水经》是中国第一部记述全国河道水系的著作。旧说为三国桑钦所撰。《水经》记述河流137条，并附《禹贡山川泽地所在》凡60条，内容极为简略。原书失佚。北魏郦道元为《水经》作注，并且加以补充，撰成《水经注》。《水经》借《水经注》流传后世。

郦道元（469？~527），字善长，北魏范阳涿县（今河北涿县）人。历仕宣武帝、孝明帝两朝，先后任冀州刺史于劲镇东将军府长史、鲁阳太守、东荆州刺史、河南尹等，后任御史中尉。其好学博闻，广览奇书，足迹所至"访渎搜渠，缉而缀之"，考察河道变迁和城市兴废等地理状况。

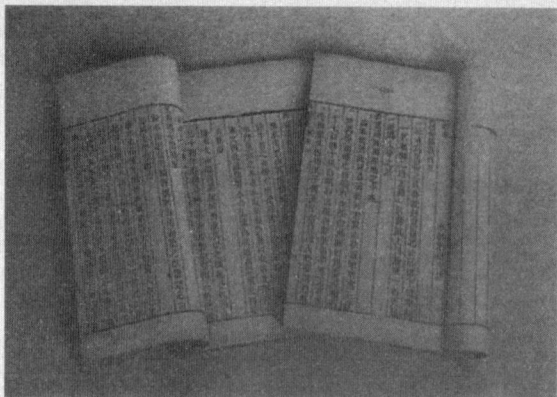

《水经注》。古代地理名著，北魏郦道元编撰，四十卷。
书中记载大小水道一千二百五十二条，一一穷源竟尾，
并叙述了所经地区的地理概貌、建置沿革、历史事件
甚至神话传说。

　　《水经注》原四十卷，北宋时已部分亡佚，后人割裂凑成四十卷。《水经注》以《水经》为纲，为《水经》作注。但引述支流扩充到1252条，实际现存本多达5000多条。其注文共约30万字，为原书的20倍。书中所征引的著作多达437种，并收录了不少汉魏时期的碑刻，有很高的史料价值。

　　《水经注》以河道为纲，所记每条河道均穷源究委，并连带叙述流经区域的山陵、湖泊、郡县、城池、关塞、名胜、亭障，以及土壤、植被、气候、水文和物产、农田水利设施的情况，还记载了社会经济、民俗风气和有关的历史故事、人物、神话、歌谣、谚语等。虽然郦道元为北朝人，对南方水系的记载不免有错误，但《水经注》作为中国古代最全面而系统的综合性地理巨著，对中国地理学的发展有重大贡献，在中国以至世界地理学史上都占有重要地位。而且《水经注》文笔绚丽，具有较高文学价值。

　　后人对《水经注》的研究，以明朱谋㙔《水经注笺》和清全祖望《七校水经注》、赵一清《水经注释》、戴震《水经注武英殿聚珍本》、王先谦《合校水经注》及近人杨守敬、熊会贞《水经注疏》最为著名，其中尤以《水经注疏》为最完备。

云冈石窟北魏时期第十八窟东壁弟子像局部

隋凿广通渠

隋开皇四年（584 年）六月，文帝下令凿广通渠。

583 年，隋朝迁入新都大兴城后，水陆交通日见繁忙。但大兴城地处中原，河流水位并不高涨。而作为漕运的主要干道渭水，由于当地的水文地质原因，含沙量较高，河水不断地周而复始地冲刷堤岸，在不同的河道中沉积了许多泥沙，航道很不通畅。正是由于地形地势的原因，泥沙淤积很不规整，河床各处深浅不一，这更加阻塞了漕运的通畅顺利。

开皇四年（584 年）六月二十一日，隋文帝杨坚诏令太子左庶子宇文恺组织水工开凿渠道。宇文恺是隋朝著名的建筑家，他于 582 年主持规划和建设了新都大兴城，之后又营建了东都洛阳等宏伟工程。这次他又受命开凿渠道，引来渭水流经开挖的渠道。渠道从大兴城东（今陕西西安北）到潼关（今陕西潼关）共 300 多里长，为的就是疏通漕运，有利于交通顺畅，这就是历史上有名的"广通渠"。

隋代开始凿运河·沟通南北交通

隋大业元年（605年），开始凿运河。

隋朝为了巩固政权和统一的局面，在政治上要进一步控制新统一的东南地区，加强对南方的统治；在军事上在东北部涿郡（今北京）建立据点，要把军需物资输送到北方；在经济上，隋朝在长安和洛阳等地区集中了大量的官吏和军队，需要充足的粮食供应。如何解决南粮北运，是隋王朝急待解决的问题。利用天然河流和旧有渠道，开凿横贯诸水、贯通南北的运河，是当时解决上述问题的好办法。当然隋炀帝开运河还有他怀恋江都（今江苏扬州）

至今仍在发挥作用的无锡运河穿城而过，河上舟楫往来，一片繁荣景象。

古运河上石柱

杭州古运河的第一桥——拱辰桥

扬州段运河

的繁华，想去巡游享乐的个人动机。

隋朝大运河的开凿始于隋文帝时代，当时引渭水从大兴城（即长安城）到达潼关，长达 300 里，名广通渠。隋炀帝修建的大运河，工程分 4 段进行。大业元年（605 年），隋炀帝征发江南、淮北 100 多万民工，在北方修通济渠，从洛阳西苑通到淮河边的山阳（今江苏淮安）。同年，又征发淮南十几万劳动力，把山阳邗沟加以疏通扩大。大约用了半年的时间，一条宽 40 步的运河——邗沟修成了。河的两岸修筑成御道，沿路榆柳夹道，又是陆路交通线。接着，从通济渠向北延伸。大业四年（608 年），征发河北民工 100 多万人开永济渠。这条河主要利用沁水的河道，南接黄河，北通涿郡。大业六年（610 年），在长江以南开了一条江南河，从京口（今江苏镇江）引江水穿过太湖流域，直达钱塘江边的余杭（今浙江杭州）。前后用了不到 6 年的时间，大运河的全线工程告成。

隋朝大运河沟通了海河、黄河、淮河、长江、钱塘江 5 大河流。它以东京洛阳为中心，西通关中盆地，北抵华北平原，南达太湖流域，通航的范围大大超过以往。这条大运河长达 4.8 千里，是世界上伟大的工程之一。

隋炀帝开运河给人民带来了沉重的负担和巨大的灾难。大量民工死在工地上，千百万人民妻离子散，家破人亡。但是，大运河修成后，南北交通有显著的改进，它成了南北交通的大动脉，加强了南北的联系，对于我国经济文化的发展起了很大作用。

隋广置仓窖

　　隋大业二年（606年），隋朝从转运和储藏粟帛的需要出发，建造了多处大型仓窖。储米粟多的可达千万石。

　　隋代仓窖分官仓和义仓（社仓）两种。官仓积储供朝廷和地方州县府使用；义仓是州县民间自筹粮食，以备救荒的公共粮仓，规模较小。隋朝从文帝即位不久，就开始设置大量官仓。隋初，由于京城长安仓库贮备不足，文帝遂

隋代含嘉仓。创建于隋大业年间，唐代继续使用。其中一窖还保存了已炭化的粟米。入窖粮食最高在一万石以上。

命黄河沿岸诸州募置运米丁，积极充实京师库存。并先后于卫州（今河南汲县）置黎阳仓，洛州（今河南洛阳市东）置河阳仓，陕州（今河南陕县）置常平仓，华州（今陕西华县）置广通仓（或作广运仓），递相贮存，漕运关东及河东的粮食充实京城。开皇五年（585年），又命各州、县设义仓，由当地百姓及军人按贫富分3等出粮，最多不过1石，在当地储存，以备荒年。仁寿三年（603年），命置常平官掌管义仓。隋代仓窖之广，府库储藏之丰，是魏晋以来仅有的，到文帝末年时，天下仓窖的储积，仍可供应全国50年至60年之用。

炀帝继位后，建东都洛阳时，在宫城东建筑了含嘉仓城。在宫城内右掖门街西有子罗仓，仓有盐20余万石，仓西有粳米60余窖。这些物资直到唐朝建国以后的太宗贞观十一年（637年）尚未用完。大业二年（606年）十月，隋政府于巩县（今河南）境内置洛口仓，仓城周围20余里，共有3000窖，每窖容8000石左右，共容纳2000余万石。并在仓城置监官及镇兵千人。大业二年（606年）十二月，又在洛阳北面7里置回洛仓，仓城周围10里，有300窖，共容纳200余万石。

隋广置仓窖，可见隋朝社会物资财富积累的丰盈。

初立租庸调

唐武德二年（619年）二月，唐朝初定租、庸、调法，五年以后与均田制同时颁布执行。它以每一男丁授田百亩为前提，在此基础上实行"有田则有租，有家则有调，有身则有庸"的赋役办法，故简称租庸调制。

唐初租庸调制直接从隋代的租调力役制度沿袭而来，并作了改进，对于遭受自然灾害的地方有减课办法，百姓的租调负担比前代稍有减轻，并在纳绢与服役之间有一定的变通性，客观上有利于农业生产和货币经济的进一步发展，也多少减弱了个体农民对封建国家的依附关系，符合当时社会政治经济的发展要求，因此唐初出现了社会经济繁荣的景象。德宗建中元年（780年），随着计丁授田的均田制的解体，"以人丁为本"的租庸调制也同时废弛了，代之以两税法。

唐代劳动妇女俑。俑群三位女子分别操作舂米、推磨、簸粮这三道有联系的劳作

唐农业生产力提高

唐代，由于社会安定，战乱减少，统治者又实行了休养生息政策，社会经济各方面都有所发展，农业生产力也相应提高。

唐王朝十分注重扩展耕地面积。耕地数量的增加是农业生产恢复的重要标志。唐代虽实行了均田制，但对于受田之外的荒地开垦，不仅不加以限制，而且还予以鼓励。如本来规定均田制下分田严禁买卖，但只要是从狭乡迁到宽乡去垦田辟地，那么这条禁令就不再适用。《唐律》中规定荒废耕地要加以处分，对于占田过限的，只要属于开垦荒地性质就不算犯罪。政府的这种态度，明显地为荒地的开垦和水土资源的开发创造了条件。

隋唐以前的漫长岁月里，水土资源的开发呈如下趋势：沿着由北向南的方向逐步向外延伸，由中原向两淮，由两淮向江南，由江南到岭南，至唐已经扩展到南海之滨，而且由原先开发可耕平地发展到围水造田，开山辟田。唐代更向造田的深度进军。开始于南朝的围田，到唐代成为开发水土资源的一个重要项目，这种方法比过去"决湖以为田"的方法更为科学，因为它不再大规模地破坏生态平衡，而是保留水源以利灌溉，因此在兴修农田水利的同时，也将许多良田沃土垦辟出来。玄宗时张九龄开河南水屯百余处；武宗会昌期间，下令凡开辟荒山泽地，五年内可免税。特别是江南农民，在低洼地区兴修水利时，修建了许多堤堰和水门，也开辟、灌溉了大量耕地。

唐代造田的另一个方向是山地，在人口压力日益增大、平原开发殆尽的情况下，开发山地成为必然。唐代耕垦山地的多是近山农民，因为土地兼并十分激烈，大庄园制日益发展，开垦山间小块土地正适合贫苦农民的需要。开山的方法则与前代无异，称为"烧畲"、"火田"或"火耕田"，即先用畬刀将草木砍倒，纵火焚烧，然后在草木灰中候雨下种，三年后地力衰竭不能再种，就另选一处重新开垦。这种方法虽然能暂时获得一些耕地，却因植被破坏，给环境造成恶劣影响。尽管如此，开山作为造田的一种重要方式一直在发展，并且由此产生了一些地处荒田僻野的县治，如夜郎县（今四川）、古田县（今福建）等的设置都是山地开垦、人口发展的结果。

唐代北方仍普遍实行汉代以来就已定型的轮作复种制，发展不大。而在南方则大有改进，出现了稻麦轮作复种的一年二熟制，并且已大量栽培双季稻，形成水稻的一年二熟制。

各类粮食作物品种在粮食总产量中所占的比重也在唐代发生了一些变化，水稻的比重有较大的增长。隋代大运河的开凿，为稻谷的北运创造了条

唐擀面女俑。女俑身着红色圆领衫，下穿绿色长裙席地而坐，双手按在擀面杖上正在擀饼。泥俑系手塑绘彩，造型质朴简拙，但人物的动态神情生动逼真。

件，使生产稻谷的江南经济区更受倚重。唐代江南水稻种植迅速扩展，唐初每年北运稻谷不过20万石，以后日渐增多。到唐玄宗时，每年北运稻谷达200～300万石，标志着水稻在各粮食作物中地位已十分突出。另一方面，由于江南普遍实行稻麦轮作复种制，小麦开始在南方得到普遍种植，改变了原先南方单一播种水稻的局面。南方种植小麦，使水田以外的旱地也得以利用，促进了粮食生产的多样化，也适应了北方人口南移的需要。

唐代另一个标志农业发展的特点是经济作物广泛种植，并发展成一个独立部门。其中，茶叶种植及其商业化最值得注意。唐代饮茶之风传播很快，遍及全国。陆羽的《茶经》对茶叶的产销、焙制、饮法等都作了详细介绍，并品评各地名茶优劣，对饮茶之风起到推波助澜的作用。江南各道都种植茶叶，茶叶的生产已成为农业生产的重要部门，唐政府继食盐专卖之后，又实行了榷茶制度。除茶叶外，传统经济作物桑、麻等的种植也有所发展，甘蔗、水果、花卉、药材生产也发展很快。

衡量农业生产发展最直接的标准是生产率，也就是粮食亩产量，唐代亩产量比前代有所增长，比汉代提高了四分之一，这是农业生产发展的重要标志。

唐代农业经济在广度和深度上的拓展都是引人注目的。一方面水稻与小麦的种植面积和总产量都迅速上升；另一方面，粮食作物的种植不再是唯一选择，出现了大量专为销售的经济作物。另外，农业生产率也有较大幅度的提高。

牛耕图。陕西三原李寿墓壁画。

莴苣、菠菜、西瓜引进

　　隋唐时代，人们很重视蔬菜的栽培。《四时纂要》一书记述的农事活动，便以蔬菜和大田作物占的份量最大。而且，在这一时期，从国外引进了一批新的蔬菜和水果品种，现在仍是日常重要菜蔬的莴苣和菠菜以及夏天人们喜欢的西瓜就是当时从外国传入的。

　　莴苣原产西亚，隋代开始引入我国，杜甫的《种莴苣》诗是最早提到它

西安出土的唐三彩西瓜

的有关文献。北宋初《清异录》也有记载说："呙国使者来汉，隋人求得菜种，酬之甚厚，故因名千金菜，今莴苣也。"

菠菜，在唐初就开始传入我国并有较为具体的记载，如《唐会要·泥波罗国》（卷100）中说"（贞观）二十一年（647），遣使献菠菜、浑提葱"。可见，莴苣、菠菜在我国的栽种自隋唐始，到现在仍是人们喜爱的菜蔬。

夏季消暑佳品西瓜，原产非洲。据史料记载，在隋、唐之际已传至回纥，在《新五代史·四夷附录》中有西瓜引进中原的最早记录，说五代（907～960）时同胡峤居契丹七年，曾从回纥得到西瓜种，"结实大如斗，味甘，名曰西瓜。"发展到南宋时，黄河以南以及长江流域西瓜栽种已较普遍，有范成大《西瓜园》诗注："（西瓜）本燕北种，今河南皆种之。"可见，西瓜种植在我国是由北而南的。但是，由于1959年在杭州水田畈新石器时代遗址及以后陆续在广西贵县罗泊湾西汉墓、江苏高邮邵家沟东汉墓中发掘出"西瓜"种子，因而在学术界引起了关于我国西瓜栽培的历史和起源问题的争论：一说主张我国"西瓜"古来即有，结论推崇"西瓜"起源为多源产物；另一说认为西瓜原产非洲后扩及世界，隋唐时传至回纥，五代时引进我国中原。

莴苣、菠菜和西瓜的引进，是隋、唐园艺技术发展的表现。

开始人工培养食用菌

我国很早就知道真菌门担子菌纲中的某些种类可供食用，汉《尔雅》郭璞注中说到有一种"地蕈""可啖之"；北魏《齐民要术》中提到木耳的食用方法的也有三处，但都没有提到人工培养。到了唐代，人们懂得了利用都城长安附近的地热资源进行蔬菜的促成栽培，并在实践过程中，逐渐了解到食用菌的生长需要有一定的温度和湿度条件，从而开始了食用菌人工培养的

唐代牵驼胡俑。作品真实地反映了胡人长途行旅的情景。

历史。

唐《四时纂要·三月》首次记述了我国有关食用菌的培养方法："种菌子：取烂构木及叶，于地埋之。常以泔浇令湿，两、三日即生。又法：畦中下烂粪，取构木可长六、七尺，截断槌碎，如种菜法，于畦中匀布，土盖，水浇，长令润。如初有小菌子，仰杷推之；明旦又出，亦推之；三度后出者甚大，即收食之。本自构木，食之不损人。构又名楮。"这段记载详细地记录了培养食用菌所需的树种，食用菌生长所需的温、湿度条件，培育过程中的具体操作方法，而且还知道"有小菌子，仰杷推之"以帮助菌种扩散，促生大菌的方法，可以说是栽培技术上的一项重大的突破。

食用菌的人工培养，是唐代蔬菜栽培技术取得的成就中较突出的一项，是我国劳动人民善于总结自然界万物生长规律的成果，它丰富了我国的蔬菜品种。

水稻成为第一作物

从《齐民要术》和《四时纂要》的有关记载来看，隋唐农作物的构成有较大变化，粟、麦、稻是当时的三大粮食作物，但直到唐初仍以粟为首位，随着南方水稻生产的发展，纳稻代粟的数目越来越大。中唐以后，南方稻米岁运已达300多万石（《旧唐书·食货志》下）。中唐以后，南方的水稻在粮食生产中的地位已超过了粟，水稻成为第一作物。首先，品种的增多促进了水稻生产的发达。当时水稻品种缺乏系统记述，从唐诗和《四时纂要》等书的零星记载中收集到的品种有白稻、香稻（香粳），红莲、红稻、黄稻、獐牙稻、长枪、珠稻、霜稻、罢亚、黄穋、鸟节等12种，绝大多数为长江流域及其以南地区所有。其中除白稻、香稻，黄稻以外，另外9种前代文献均未有记载，当为隋唐时新增品种，而且多属晚稻品种。同时，唐代水稻的种植面积比前代大大增加，并广泛采取育身移植的栽培方法。

因此，水稻新品种的增加和晚稻品种的出现，育秧移植和早稻的栽种，无疑提高了水稻的产量和质量，又为稻、麦复种制的出现和形成创造了条件，使两年三熟的耕作制逐渐在南方推广，有的地方可一

梯田。战国时可能就有梯田，北魏《齐民要术》中的区田法为梯田雏形。经唐一代的发展，到宋代，梯田之名见于典籍。

年两熟。长江流域在中唐以来已是最主要的农业区，实行稻麦轮作复种制，水稻产量大大增加。而且，稻麦轮作复种制的形成，反映到国家赋税制度上，便成为以夏秋两征为主要特点的"两税法"得以产生和实行的基础。

另外，水稻成为第一作物和唐代农具的改进，水利灌溉事业的发展、精耕细作程度提高等因素也分不开的。由于耕地农具改进，唐代江南水田已普遍实行犁耕，耕作技术也相应提高。耕地后，要进行耙地，然后是"砺碡"，以用"破块滓，混泥涂也"。这是南方水田生产耕作精细化的一个标志。

水稻属于高产作物，自汉代起就已成为我国南方人民的主要食粮；中唐后它取代粟的地位成为第一粮食作物，反映了我国农业文明自北向南不断发展。

第五琦主持江淮经济

第五琦，京兆长安人，有吏才，好富国强兵术。安史之乱时，北海（今山东益都）太守贺兰进明遣录事参军第五琦入蜀奏事，琦言于玄宗说："现在用兵，财赋最为紧要，财赋所出，以江淮为最，请任我一职，可使军用充足，以助尽快讨平叛逆。"玄宗听后大悦。至德元年（756）八月，即以琦为监察御史、江淮租庸使。

至德元年（756）十月，第五琦见肃宗于彭原（今甘肃宁县），请以江淮租庸市轻货，溯长江、汉水而上至洋川（今陕西西乡），然后令汉中王瑀陆运至扶风以助军。肃宗从之。寻加琦山南等五道度支使。第五琦作榷盐之法，盐业由朝廷专营。凡盗煮、私自买卖者以法论处。于是百姓不增税而朝廷用足。乾元元年（758）七月，铸乾元重宝钱。

唐初高祖于武德四年（621）铸"开元通宝"钱，以代隋五铢钱。高宗时又铸"乾封泉宝"，但不久即废，复行开元通宝。至是以经费不足，琦乃请铸"乾元重宝"钱，径 1 寸，每缗重 10 斤，与开元通宝并行，以 1 当开元通宝 10。亦号"乾元十当钱"。次年九月，琦为宰相，又请于绛州铸乾元重宝大钱，径 1 寸 2 分，加以重轮，其文亦为"乾元重宝"，每缗重 12 斤，号"重棱钱"。令与开元通宝并行，以 1 当开元通宝 50。其先在京百官因军兴而无俸禄，至是乃用新钱付冬季俸禄。

于是新钱与乾元、开元通宝并行，物价暴涨、斗米至 7000 钱，百姓饿死者甚多，朝野皆以为琦变法之弊，李亨遂贬琦为忠州长史。

上元元年（760）六月，令京畿开元钱与乾元小钱皆以 1 当 10，重轮钱以 1 当 30，诸州另行规定。七月，又令天下重轮钱皆 1 当 30。至李豫（代宗）即位，于宝应元年（762）五月令乾元大、小钱皆以1当1。自琦铸新钱，私铸犯法者甚多，州、县不能禁止。至是币制渐定，民以为便。其后民间都把乾元大、小钱销铸为器，不再流通。

罗马金币。丝绸之路开通后，中国同中亚、西亚的贸易往来日趋频繁，各国的货币频频流入中国。图为从西安附近出土的罗马金币。

筒车发明

筒车于唐代发明和使用。杜甫诗中已提及筒车的一种。《太平广记》卷250记载了唐初人邓玄挺入寺行香，看到庙里僧人浇菜园的水车是"以木俑相连，汲于井中"。

这里的筒车结构是将一串木斗挂在立齿轮上，在轮轴两端伸延部分处装上供脚踏或手摇的装置。水轮由木制，轮上缚以小竹（木）筒作兜水工具，下端设置在流水之中，利用水流冲击轮子转动，提水上升，就达到"钩深致远"，"积少之多"，冲破涯岸的阻隔，使水为农桑服务的目的。

刘禹锡《机汲记》中所说的"机汲"更为进步，它是利用架空索道的辘轳汲水机械，为辘轳汲水法的重大发展。它又利用架空索道和滑轮的帮助，把上下垂直运动改变为大跨度的斜向运动，有利于江河两岸农田的灌溉。

它山堰工程完成

　　唐德宗（780～804年在位）以后，农田水利工程建设向南转移，出现了若干规模较大、质量较高的灌溉工程，它山堰即是其中之一。

　　唐太和七年（833），鄮县（今鄞县）县令王元暐主持修建它山堰，"引四明之水，灌七乡之田"。它山堰堰址选择在今浙江宁波西南50余里的鄞江桥镇西南部。它山堰的坝体结构是我国建坝史上首次出现的以大石块叠砌而成的拦河滚水坝，全长42丈，左右各砌36级石阶。上游引来的水顺着石阶下泻，

它山堰灌区尚存的堰体遗迹

分别注入大溪和鄞江中；流入大溪的水再引到宁波南门，在此汇蓄成日湖和月湖；两湖旁再凿干渠和支渠，引湖水灌溉农田。由于两湖近在宁波南门，从而也解决了宁波的饮水问题，这样就一举多得，颇见设计时的匠心。为保持水库和渠道的供水量，不至于在旱时缺水，涝时成患，修建时大溪上筑了三座节制闸门，即"堨"，能按时启闭，调节水量，和现在的水库建设相似。它山堰的设计和施工充分展示了唐代后期水利工程方面技术达到很高的标准。

唐人重视水利工程

　　唐代水利工程相当发达，是促进当时农业生产高度发展的重要因素之一。据载，唐时兴修的水利工程有二百处以上，遍及关内、河东、河北、河南、江南、淮南、山南、剑南、岭南、陇右等各道。其中除一小部分是为了漕运和生活用水外，绝大部分是为了农田水利，有的是在前代的基础上重新疏浚，

太湖地区农田水利。晚唐时期，依据原有基础，在太湖东部大兴水利，屯田开垦，出现了"嘉禾一穰，江淮为之康；嘉禾一歉，江淮为之险"的局面。后来对太湖又大加治理，建立起完整的圩田体系，取得了抵御旱涝灾害的显著成效。太湖地区成了我国历史上重要的经济区。

纤桥。纤桥是一种桥路结合的古代纤道，始建于唐代，专为漕运行船背纤所用。它或平铺岸边，或傍路临水，或飞架水上，迎流而建，桥上行人，桥下背纤，桥板均为条石铺设，被誉为白玉长堤。

有的是当时新建，大的工程可灌田上万顷，小的可灌田数十顷，对保障农业生产发挥了积极的作用。

　　唐代兴修水利工程以安史之乱（755～763）为界，可分为前后两个阶段。前期是北方水利的复兴阶段，以开渠引灌为主。在北方河曲地带，高祖武德七年（624），方得臣自龙门引黄河水灌溉韩城（今陕西韩城县）田地60余万亩，是我国历史上第一次引黄灌溉成功的例证；太宗贞观十七年（643），开涑水渠，从闻喜（今山西闻喜县）引涑水灌田；高宗仪凤二年（677），在涑水以南开渠，引中条山水溉田；德宗（780～805）时，韦武在降州（今新绛地区）凿汾水灌田130余万亩。在关中地区，修复汉魏时所开的郑白渠等；而且把西汉开凿的白渠发展为北、中、南三支，称"三白渠"，其中中渠又增建彭城堰分疏四条支渠；成国渠渠口被修建成六个水门，号称"六门堰"；

另又在泾水、渭水、洛水和浐水四大水源外，增加苇川、莫谷、香谷、武安四大水源，使京都所在的关中平原灌溉面积大增。在河套宁夏平原，废弃的故渠大都得以修复，又新修一批灌渠。在新修的灌渠，唐徕渠规模浩大，全长212公里，有支510条，使周围的603万亩农田收到灌溉效益，是宁夏历史上最大的灌溉工程。在边远的新疆、西藏也兴修了一些农田水利工程，贞观年间（627～649），在焉耆碎叶西南40里的城池附近筑坝、开涵洞取水溉田；武则天时（684～704）又在碎叶凿渠引水灌田，在高昌（今新疆吐鲁番盆地）兴修一批人工灌溉渠道。

安史之乱后，与北方相对照，南方农田水利建设呈现出迅速发展的趋势，如江南西道在短短10多年中就兴修小型农田水利工程600处。南方的水利工程偏重于排水和蓄水，特别是东南地区盛行堤、堰、坡、塘等的修建。这些农田水利工程大多分布在太湖流域、鄱阳湖附近和浙东三个地区，其中大部分是灌溉百顷以下的工程，但也有不少可灌溉数千顷至上万顷。如句容县绛岩湖，代宗大历（766～779）时重修，灌田万顷；宪宗（806～820）时，韦丹在江西南昌一带主持筑堤捍江，灌陂塘五百九十八，得田一万二千顷；常州孟渎，灌田四千顷。而且以它山堰和钱塘湖为代表的若干大型农田水利工程，无论在规模、质量和技术成就上都达到了前所未有的高度。它们与众多小型的农田水利工程，共同促进了唐代农业的兴盛和社会经济的繁荣。

唐代对水利工程的重视还体现在水利管理方面。此时记录编订了现存最早有关灌溉管理制度的文献资料，即是出现于敦煌千佛洞的唐代写本《敦煌水渠》，还出现了全国性的水利法规《水部式》（现存大约是开元二十五年（737）的修订本残本），对当时的水利管理有极大的指导作用，体现了当时在水利方面的综合成就。

《四时纂要》总结唐代农业技术

自《齐民要术》之后到隋末，大约有一个世纪时间，没有出现一本新农书。到了唐代后，农书的创作呈现出一派兴旺景象，整个唐代具有近40种左右的农书出现，这其中有些专业性农书。农书的增多，反映出农业生产的兴盛和普遍受到重视，专业性农书的出现，说明某些专业技术在这时期有了较大的进展。

《四时纂要》是唐末韩鄂撰写的。有关韩鄂，生卒年和身世不详，但可肯定，韩鄂家至少是中小田庄主，否则，他不可能"（遍）阅农书，搜杂识"，"撮诸家之术数"（《四时纂要序》）而编写出《四时纂要》。

《四时纂要》分四季十二个月，列举农家应做事项，是一部月令式的重要农书。书中资料大量采自《齐民要术》，少数则来自《氾胜之书》、《四民月令》、《山居要术》等，其中当然也有韩鄂自己的经验和体会。全书4.2万余字，共分为5卷，内容除去占候、祈禳、禁忌等外，可分为农业生产、农副产品加工和制造、医药卫生、器物修造和保藏、商业经营、教育文化六大类，重点为前三类，即农业生产是本书的主体，包括农、林、牧、副、渔，而又表现出以粮食、蔬菜生产为主的多种经营传统特色。书中所记述的农业生产技术，较前代有明显进步的有果树嫁接、合接大葫芦、苜蓿和麦的混种、茶苗和枲麻、黍穄的套种以及种生葱、种葱和兽医方剂等。另外还有种茶树、种薯蓣、种菌子和养蜂等，则是最早的记载。农副产品的加工制造，记述丰富多样，特别是在酿造方面有不少创新，如最早介绍利用麦麸制造"麸豉"，打破以前制酱先制麦曲、然后下曲拌豆的分次作法，而把麦豆合并一起制成干酱醋，合两道程序为一道，又将咸豆豉的液汁加以煎熬，作灭菌处理后，贮藏以作调味品，实为现在的酱油。此外，药酒、果子酒、冲水调吃"干酒"的酿制，品种多而具有特色，对植物淀粉的提制，从谷物扩展到藕、莲、芡、荸荠、葛、百合、茯苓、泽泻、蕨薯等。

《四时纂要》的最大特点，也是最大缺点，即占候、择吉、禳镇等迷信内容占全书将近一半的篇幅，这与唐代佛教密宗、巫术和道教的流行有关。另外，本书文字摘录过简，有时含混不清，间有失原意之处，但去芜存精，仍不失为一部有相当实用价值的农书。北宋天禧四年（1020），它和《齐民要术》同时被推荐给朝廷刊印，颁发给各地劝农官，对指导当时的农业生产起了很大的作用。

宋农业产量增加

宋代，农作物品种增多，不少地方都根据气候、土地、水利等不同条件和不同需要培育和引种了许多作物品种。还广泛种植生长期短的早熟品种，以实行一年两熟和轮作换茬。通过因地制宜地选择种植不同品种的作物，提高了农作物的产量。

宋代农耕图《耕获图》，绘有耕田、耙地、灌水、收割、打场、春米、入仓及堆草等场面。

宋朝由于农作物一年两熟、二年三熟等情况的普遍存在，复种指数明显提高，单位面积产量也得到提高。北宋时期，两浙、福建沿海及广南等地种值双季稻，其他地区也多实行间种套种，有些地区还实行两年三作制。南宋时，稻麦倒茬已得到比较普遍的推广。淮河以北地区的粮食亩产量一般为谷2~3石、米1~1.5石；淮河以南地区则一般为谷4~6石、米2~3石。在中国历史记载上最高的亩产量是两浙路、江南东路地区的圩田（围田）的丰收年景亩产量可收获谷7石。据计算，宋代一般土地平均粮食亩产量约为中国战国时期亩产量的3倍，约为唐代亩产量的1.5倍。

宋代农作物产量的增加，与当时肥源的扩大和粪肥的适当应用，以及农业劳动生产率的显著提高，都有很大关系。

天禧年末宋农田增加

真宗天禧（1017~1021）末，宋代不但平原地带大都得到开垦，悉为农田，南方诸路的山陵地区也垦山为田，出现了大批梯田。宋代垦田面积因而迅速扩大。据宋朝政府统计，至道二年（996）为 3 亿 1252 万 5125 亩，天禧五年（1021）增加到 5 亿 2475 万 8432 亩。因此，天禧末年，宋朝国田大为增加。天禧五年时，天下户数有 867 万 7677 户，人口 1393 万 0320 人。所收租税，较之太宗至道（995~997）末，谷增 107 万 5000 余石，钱增 270 万 8000 余贯，布增 50 万 6000 余匹，茶增 117 万 8000 余斤，鹅翎、杂翎增 12 万 9000 余茎，箭竿增 47 万万支，黄蜡增 5 万余斤。又计有鞡 81 万 6000 余量，麻皮 39 万 7000 余斤，盐 57 万 7000 余石，纸 12 万 3000 余幅，芦席 36 万余张。减少的有绢减 1 万余匹，纶绸减 92000 余匹，丝线减 55000 余两，绵减 127 万 5000 余两，刍茭减 1100 万 5000 余围，蒿减 100 万余围，炭减 50 万 4000 余秤。较其数字，增加者较减少者为多。

在此后，宋朝国家版籍上所登录的垦田面积均低于天禧五年之数，究其原因，主要是由于品官权势之家隐田漏税的缘故，由此租税也相应减少。根据宋代人口增长情况以及农户生产能力估计，（北）宋时期的垦田可达 7 亿至 7 亿 5000 余亩，超过了汉唐时期的垦田面积。

范仲淹等筑海堰

　　泰州（今江苏泰州）捍海堰久废不修，海浪每年都要损坏大量民田。天圣五年（1027）八月，兴化县（今江苏兴化）知县范仲淹建议发运使张纶修复泰州捍海堰。朝廷根据张纶的建议，任用范仲淹负责修筑海堰，但不久范仲淹因母丧而离任。恰在此时，张纶权知泰州，于是他派人大修堤堰，从小海寨（今江苏东台境内）至耿庄，全长180余里。张纶还在运河上设置闸门，控制海水，同时利用海水疏通漕运。范仲淹也很关心捍海堰的修筑，经常写信询问工程进展情况，捍海堰筑成后，二千余户流亡百姓又重新返回了家园。

范仲淹像

西夏行宋历

　　史籍中多处记载宋朝向西夏颁赐历法，如宋元祐四年（1089）哲宗向西夏颁历诏书中说："赐夏国主，迎日推策，校疏密于一周。钦象授时，纪便程于四序。眷言候服，作我翰垣。爰锡小正之书，俾兴嗣岁之务，布宣于下，共袭其祥。今赐卿元祐五年历日一卷，至可领也"（《西夏纪》卷一九）。甘肃武威出土的西夏历书残页和黑水城遗址发现的墨书西夏文、汉文并置历书残页，可知是 1145 年和 1047 年的历法。历书中 24 节气的配置与中原阴历 24 节气表完全符合。

　　以游牧为生的早期党项人不知历法，只是"候草木以记岁时"（《隋书·党项传》）。在内迁以后，逐渐学会了农耕，天文历法也因此变得日益重要。宋景德四年（1007）十月，李德明向宋朝请历，宋颁赐《仪天历》；宋乾兴元年（1022），宋又赐李德明《仪天具注历》。西夏建国后，1045 年 10 月，西夏开始行宋朝所赐《崇天万年历》。其后，宋朝每年孟冬将下一年历法颁施西夏，定为常例，后因西夏归附金朝，从正德六年（1132）起，宋朝不再向西夏颁赐历法。

修凿灵渠

灵渠位于广西兴安县境内，在秦始皇平岭南时开凿后，北连长江水系、湖南地区，南入珠江水系，直通大海，秦汉以后即可航行舟船。

但灵渠底全是石头，河床又窄又狭，十八里之内设置三十六个斗门，一级一级抬高水位，才能通航，而且船的载重量不得超过一百石，否则会搁浅。枯水期根本不能通航，只有涨水期才有运输。

宋嘉祐三年 (1058) 九月，李师中 (1013~1078) 担任广南西路提点刑狱后，勤政干练，决心治理这一地区。招募民工修凿灵渠，废除了二十六个斗门，拓宽渠道，历时三个月，完成了这一工程，使灵渠可以顺利行船。保障了中国两大水系之间的运输畅通，取得很好的效果。

宋实行方田均税法

熙宁五年 (1072) 八月，宋朝廷颁布并实施方田均税法。其内容包括方田和均税两个部分。方田是对田亩的清查丈量，将东西南北千步见方的地段 (约四十一顷六十六亩) 作为丈量田地的单位，谓之一方，每年九月农闲之后，县令及其他官僚用方为单位清丈土地，并在方田的土地册上注明田地的形状及土地的色质，丈量完毕后，根据土质而定其肥瘠，区分为五等，由此均定税额高低，至第二年三月完成后通告老百姓，并以一季为期，允许当地农民提出对清丈土地和税额的意见。然后由县政令发给各户户帖，作为地符。土地清丈完毕后对田税进行重新摊派。至于丝帛、绸绢之类的征收，只按田亩多少而不按桑柘有无确定。同时，若地归于耕作之家，不必追究冒佃的原因。瘠卤不毛之地可以自由佃种。允许老百姓到山林中樵采，樵采所得不充作家业钱，农民经营山林川泽及陂塘、河堰之类不许收税，而投靠豪强的"诡名挟佃"的子户都必须更正过来。

方田均税法仅局限于华北平原、关中盆地等地区，并未推广到全国，后便因丈量技术条件落后而流产。到哲宗初，方田均税法被正式废除。

宋农学兴盛

宋代，由于农业生产的发展和宋朝政府对推广农业科技知识的重视，农学空前发达起来，在我国农学发展史上具有重要的地位。

宋代农书的数量远远超过了前代，农学有不少新的发展；首先，论述农桑经营和耕作技术的综合性农书大大增加，并且出现了像邓御夫所著120卷的《农历》那样的巨作。其次，谱录类农书和专科研究的农书，在宋代增加最多。最后，在农学中出现了"劝农文"和"耕织图"的新形式。

《耕织图》中的花楼机图

邓御夫的《农历》卷数比明代《农政全书》多一倍，体例比《齐民要术》还要完备。可惜，此书因篇幅巨大，没人资助刊刻，很早就失传了。宋代流行最广的综合性农书有贾元道的《农孝经》1卷，王岷的《山居要术》3卷和何亮的《本书》3卷，以及《真宗授时要录》、《耒耜岁占》、《十二月纂要》、《陈旉农书》、《耕织图》等十多种，现大多已失传，现存的仅有《陈旉农书》和《耕织图》。这两书都是谈江南农业生产情况的。尤其是《陈旉农书》的出现，是中国江南地区农业生产精耕细作技术体系形成的标志。

谱录类农书和专科研究的农书，约占宋代全部农书的78%。这类农书中，有不少所研究的问题带有开创性，具有很高的学术价值。北宋蔡襄的《荔枝谱》和南宋韩彦直的《橘录》（又称《永嘉橘录》），总结记载了我国古代果农关于荔枝和柑桔的栽培经验，是中国以至世界现存最早的果树专著。各种谱录中，花木专著最多，总计达32种之多，其中现存较著名的有欧阳修的《洛阳牡丹记》，陆游的《天彭牡丹谱》，刘蒙的《菊谱》，王观的《杨州芍药谱》等十多种。关于茶和畜牧兽医的专著，也是宋代农书中的两大宗，前者有22种著作，现存的只有陶毂的《荈茗录》、蔡襄的《茶录》等九种；后者有20种著作，尚存的也仅有唐李石原著，经宋人一再增补而成的八卷本《司牧安骥集》。另外，北宋哲宗期间，曾安止所著《乐谱》是我国最早的水稻品种专著。陈玉仁"欲尽菌性而究其用"所著的《菌谱》，是我国也是世界上最早的菌类专著。陈翥的《桐谱》也是世界上最早论述泡桐的科技专著。

"劝农文"和"耕织图"用通俗的文字和图象介绍农业技术，推广农业。

"劝农文"篇幅短小，文句简炼，其内容主要是宣传农业生产技术。

由宫廷发展到民间的耕织图，在宋代曾被广泛采用，用来宣传和推广耕织技术，其中较著名的有南宋楼王寿以及刘松年的《耕织图》。

宋《耕织图》早佚，后代有摹本。图为元人绘制的《耕织图》。

犁耕取代锄耕

犁耕取代锄耕是农业生产和农业技术的重大成就和根本性革命，在金代，上京诸路已基本完成此过程。

考古发掘出土的大量金代铁制农业生产工具显示，这时期的农业生产技术较前代已有相当进步。在今黑龙江、吉林、辽宁、河北、北京、山西、河南等省市出土了数量众多的农具，有的一处就达数十件。如黑龙江肇东八里城出土各种铁制农具50余件，北京房山县焦庄村出土30多件，其中种类繁多，有犁铧、蹚头、犁壁、镰、手镰、锄、锄钩、耘锄、稿、镬、叉、锹、铡刀、车辖等，每种工具又有多种不同形式，分别可用于翻土、播种、牛耕除草和收获等各个生产环节。1976年，在河北滦平县窑上公社岑沟村——金代农家遗址中，发现了一个《齐民要术》中提到的"瓠种"所用的窍瓠，它是见于报道的迄今最早的此类遗物。

据此分析可以认为，至迟在金代中期，上京诸路使用的铁制农具已经成垄配套。黑龙江肇东八里城出土的50多件铁制农具经初步整理，直接用于农业生产的有翻土分土工具，除草工具和收割工具。而且许多农具与中原地区的农具已基本一致，甚至十分相似，有些还同近百年及20世纪30年代前后黑龙江地区农村使用的工具有些近似，表现了其农业技术的进步性。

除了数量多、品种齐及应用的细致性以外，其结构也显得相当进步，如所出土的犁铧，尖端角度较小，不仅入土深，而且能起较大的垄，有利于保墒全苗。而所用的锄头，锄板很薄，上边还安装有弯形锄钩，这样，锄草时既不易碰坏庄稼，又可深锄而省力。

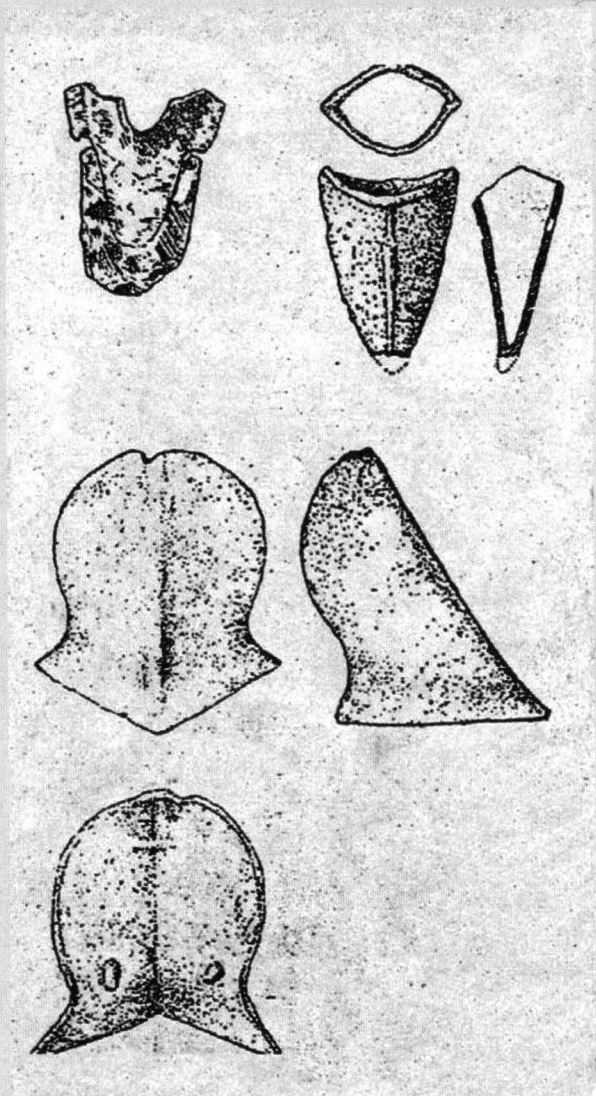

金代铁铧、铁楼铧、铁 头

在耕作技术上，这些地区已广泛推行了辽代的垄作，不仅能防风沙，而且有利于吸收太阳光能，提高土壤温度，的确适宜于东北地区的环境及气候特点。在此基础上，金代进一步完善并形成了一整套适合这种耕作方式需要的农具。如出土的犁铧、钅镵和现代东北地区使用的已很相似，而与河北地区的出土文物有较大差别。再如犁壁，上京地区的呈长方形，而北京的则为扁方形。这些差别显然是与当时实行垄作和平作方式不同有关的。最有特色的是蹚头，这种既可以分土起垄，又可以牛耕趟地的适合东北垄作方式的特征性农具，到目前为止，仅在黑龙江肇东八里城等地遗址中有所发现。

据上述材料足以推断，在金代犁耕已经取代了锄耕并已发展到相当高的水平，这些成垄配套的农具使许多地区已摆脱了粗放的耕种方式，进入了精耕细作农业的时代，极大地促进了农业生产的发展。

宋开两浙、江东田

　　隆兴二年（1164）八月，宋孝宗因为江浙一带的水利年久失修，加之有权有势的人家大肆围田，水道被堙塞，下令各州守臣寻视上报。

　　于是知胡州郑作肃、知宣州（今安徽宣城）许尹、知秀州（今浙江嘉兴）

山西应县净土寺大殿天花，其藻井、楼阁与殿内佛像的布置联成一体。

姚宪、知常州刘唐稽都上奏请求开决围田，疏浚河港。不久，宋孝宗下诏命令江东及浙西监司、守臣兴修农田水利。湖州、秀州、平江府（今江苏苏州）分别由朱夏卿、曾惜、陈弥作负责，常州、江阴由叶谦亨主持，宣州、太平府（今安徽当涂）归沈枢措置，绍兴则由守臣和浙东常平司组织兴修。

由于宋朝政府出面主持，所派官吏认真负责，两浙、江东地区纷纷还田为湖，水利状况得到了一定程度的改善。

乾道二年（1166）四月，又有吏部侍郎陈之茂上书，指出因有人围田而堙塞了泄水的通道，侵占了潴水之地，使地势较低的农田易遭水患。

于是宋孝宗下诏，命令两浙转运副使王炎会同州县官，开决浙西平江府（今江苏苏州）和湖、秀（今浙江嘉兴）等地新近围裹的草荡、荷荡、菱荡，以及在陂湖溪港岸边筑滕所成的田地，并且在已经开决的地方设立标记。

这次开决颇见成效，也触及了一些有权势的人家的利益，大将张子盖家的两块围田共有近一万亩就在开决之列。王炎还上奏朝廷，免除所开决围田中租户向田主所贷种粮和债务。

这一年的五月，为防止权要之家修复已开决的围田，尚书省又命令两浙转运司和诸县守令常加检查，不许违令再围。

吴拱修山河堰

宋乾道七年（1171）七月，兴元府（今陕西汉中）知府吴拱修复山河堰。

山河堰据说是汉初萧何、曹参修建的。绍兴年以后，该地人口减少，对山河堰的管理荒废。南宋政权重新重视水利建设，逐渐兴建或修复了许多大型的水利工程。乾道七年，王炎被委任为枢密使、四川宣抚使。他到任后，命兴元府知府吴拱修复山河堰。为此，曾出动了士兵上万人，共修了六堰，疏通大小渠道六十五里。总共耗费宣抚司、安抚司、都统司经费三万多缗。山河堰修复以后，南郑（今陕西汉中）、褒城（今陕西汉中北）等地有二十三万多亩地得到了灌溉，保障了这一广大地区农业生产的稳定发展。

宋南方土地利用技术突破

宋代由于人口增加与耕地不足的矛盾日益严重，促使人们充分利用土地资源，除了平原之外，山地、河滩、水面、海涂等都先后被利用起来，出现了梯田、圩田、涂田、架田等土地利用方式，这是中国土地利用技术的一次很大的突破。

梯田分布在丘陵地区，它虽然出现很早，其正式名称却是在南宋范成大《骖鸾录》中才首次出现。唐宋时期，我国已具备梯田较大规模发展的社会经济条件和技术条件，梯田得以长足发展，促进了南方山区的农业生产。据《岭表录异》、《泊宅编》、《海录辞事》、《骖鸾录》的记载，在今四川、广东、江西、浙江、福建等地山区已有许多梯田。王祯《农书·田制门》介绍了修筑梯田的几个技术要点：在山多地少的地方，把山坡地修成阶梯状田块，每层阶梯都横削成平面；如有土有石，要先垒石块修成田唇，再平土成田；有水源能够自流灌溉的，可以种植水稻，没有水源则要种粟、麦。

圩田，又称"围田"，其修筑在五代时已有相当基础，到宋代有了更大发展，圩田数量大大增加，仅太湖地区的苏、湖、常、秀四州，在淳熙十一年（1184）就建有圩田达 1489 个之多，而且规模不小。在宋代，通过圩田的经营，一方面从水面争夺了相当大数量的田地，扩大了水稻等作物的种植面积；另一方面，又因此缩小了水面和湖泊容水量，限制甚至破坏了水稻的生产。

涂田指的是海滨地区开造的田地。唐、宋时代，一般都采用筑堤的方法，对海涂加以利用。北宋范仲淹就曾在通、泰、海地区筑海堤，"使海濒沮洳泻卤之地，化为良田"。筑堤的技术要点有二：沿海筑堤挡海水，或者立桩橛抵潮汛；在田的四周开沟排盐，并用来贮存雨水，以备旱时灌溉之用，这

《农书》中的《授时指掌活法图》

种沟被称为"甜水沟"。人们还创造了利用生物治理海涂盐碱土的方法，即开初种植水稗，等到脱盐之后，才种植水稻等农作物，经过这样处理的田比一般的田地收获多很多倍。

我国的水上浮田，按其形成的性质大致可分为两类：一是天然的葑田，由泥沙自然淤积葑（菱草）根部而形成；另一类就是架田。架田，又称筏田、葑田，是在水面架设木筏铺盖葑泥而成的，是一种与水争地的人造水面耕地。

《陈旉农书》最早记载了架田的制造方法：在漂水薮泽处，可以制造葑田。将木缚绑在一起成为田丘，浮在水面上，把葑草泥沙铺盖在木架上，在上面种植作物。这种木架田丘，随水高下漂浮，自然不会被淹没（见《陈旉农书·地势之宜篇第二》）。架田适用于南方水乡，其优点很多：容易安装，不受地形条件限制，不需花太多劳动去垦辟、整治土地；没有旱涝的灾害，还可在较短的收获季节里栽种作物。

宋花卉业兴旺

花卉业在宋代的兴旺首先表现在花卉品种的增加上，据周师厚的《鄞江周氏洛阳牡丹记》所载，当时洛阳的牡丹品种高达 52 个之多。而牡丹的命名又具有多种原则，如"细叶寿安"、"潜溪绯"是以产地命名，"玉板白"、"甘草黄"是以颜色命名，另外还有以姓氏取名的，如"魏花"、"左花"等。

除花卉品种外，宋代花卉业的主要成就还在于栽培技术的提高方面，在欧阳修的《洛阳牡丹记·风俗记》中，记载的花卉栽培技术就有接花法、浇花法和种花法等等。宋代花卉的栽培技术有了一个很大的创举，就是促成栽培术的提出。促成栽培就是根据花卉对外界空气温度的不同需求，采取一定的措施，促使花卉提前开放，其中较为著名的就是南宋临安马塍地区的花农所创立的"堂花法"。这种方法对牡丹、梅花、桃花采用的措施是：以纸制作密室，室内挖坑，将花置于坑内，施以牛溲和硫磺，然后灌入沸水，高温的水蒸气薰蒸花卉，同时扇入微风，一夜之后，花就开放。

由于花卉品种的增加和栽培技术的提高，花卉成为人民生活必不可少的一部分，观赏花卉也成为宋代人们的一种风尚。

宋代花卉的兴旺特别是品种的繁多和栽培技术的提高，为后来人们培育更多更美的花卉奠定了基础。

改土归流运动开展

改土归流是清统治者在西南地区实行的地方行政制度的改革，即废除土司，而代之以流官的统治。

云南、贵州、广西等少数民族聚居地区，自元、明以来多实行土司制度。土司制度发展到清代，已进入了它的没落时期。土司制度不仅阻碍了封建经济的发展，而且不利于国家的统一和巩固。随着清政权的确立和稳固，解决土司问题即提到了议事日程。雍正四年（1726）九月，云贵总督鄂尔泰正式提出改土归流建议。雍正帝决定推行改土归流。

进贡图。表现了清代官府收受少数民族
贡品的情景。

这次改土归流可以分为前后两个阶段。第一阶段是从雍正四年到九年（1731），主要靠武力征服，改流重点在云贵，大批土司在这期间被废除。分别在乌蒙、镇雄改设乌蒙府（后改称昭通府）和镇雄州（今镇雄县），在广西泗城改设永丰州，在贵州吉州江流域、小丹江流域和八寨设厅，设置同知管理民事。第二阶段是雍正九年以后，改流重点集中在四川、湖广、广西，并进行了大量的善后工作。此次改土归流规模极大，共废除土司约153个，改流之地所设流官121个，所涉及的地区共44个府（包括直隶厅州），所涉及的民族共计19个。

改土归流打击了土司割据势力，减少了叛乱因素，促进了国家的统一、边防的巩固，同时促进了西南地区封建经济的发展，以及文化教育事业的发展。

彝族副长官司之印

直隶试行区田法

乾隆二年（1737）四月，朝廷于直隶试行区田法。雍正四年（1726），直隶巡抚李维钧在保定城内曾试行区田法。

区田法始于商代伊尹。据王桢《农书》推车记胜元区田法，以每田 1 亩广 15 步，每步 5 尺，计 75 尺；每行占地 1 尺 5 寸，计分 50 行；其长 16 步，每步 5 尺，计 80 尺；每行占地 1 尺 5 寸，计分 53 行。长广相乘得 2650 区，

《耕织图》中的秋收场面

空 1 行，种 1 行，隔 1 区，种 1 区。留空以便浇灌，且可通风。除隔空外，可种 662 区。区隔 1 尺，用熟粪 2 升，与区土混和，布种匀覆，以手按实，使土与种相着。苗出时每 1 寸留 1 株，每行 10 株，每区 10 行，留百株。原任营田观察使陈时夏曾向乾隆帝进呈《区田书》，疏称：《农政全书》内，有营治区田法，于区田四面，凿井浇灌，以防干旱，对北方各省更为有益。古时每亩可收 66 石，合今斗 20 石，少亦可得十三四石。乾隆二年（1737），乾隆帝命在直隶地方，选用贤官，暂租民地，试行区田法，官种官收，借给工本，秋收后还本。

两湖平原大建垸田

垸田，又称"院田"，也有称为"垣田"的。垸堤的功用是御水，由于它的出现才使过去无法耕垦的土地免于洪灾而得以利用。不过，垸田生产要做到旱涝保收，高产稳产，还需要解决排灌和排蓄的矛盾。所以，开挖排灌渠系，兴建引排涵闸和保留蓄涝湖泊，也是必不可少的水利工程措施。

垸田是长江中游两湖平原水乡沼泽地区广泛分布的高产水利田。洞庭湖的垦殖活动历史很早，筑堤围垦，与水争地则始于宋代；明代垸田迅速发展，清代堤垸更是大量增加，清末垸田面积已近 500 万亩。当时人认为它是"化弃地为膏沃，用力少而获利多"（光绪《湖南通志》卷 46）。

江汉平原的自然地理条件是垸田发展的基础，它是典型的泛滥平原，绝大部分地区的地面高度均在江、湖、河的洪枯水位之间，汛期里则常低于河湖水位。于是，兴建堤防就成为开展垸田生产的前提和必须采取的重要农田水利工程措施，前人往往也把垸堤作为垸田的主要标志。

江汉平原垸田的大部分排灌渠道是利用垸内自然河汊，加以疏浚而成，少部分为人工开凿。大垸大多修建了主干与分枝两级渠系，排灌系统较为完善。进水排水涵闸沟通了垸内渠系与垸外水系的联系，一座垸田建闸的多少，视垸田的面积和其自然条件（包括地形、外河水文情况）而定。汛期，当垸外河湖水位高于垸内田面时，则闭闸防止洪水倒灌；待垸外河湖水位下降，低于垸内河渠水位时，就启闸自流排涝。如遇天旱缺水及其他需水的情况，因垸外水资源充沛，又可借外高内低的有利条件，开闸引水自流灌溉。